JN222496

私が死んだあとも愛する猫を守る本

富田園子・著
はしもとみお・絵
行政書士　磨田　薫・監修

はじめに

はじめまして。
猫をはじめ動物の本の編集・執筆を生業としている
富田園子と申します。
飼い猫は現在7匹。近所で保護した猫を家に迎え入れるうち
思いがけず大所帯になってしまいましたが、
騒がしいながらも幸せな毎日を送っています。

つい先日50歳を迎え、
あと10年で高齢者と呼ばれる年代に入りました。
うちは夫婦二人暮らしで子どもがいないので、もし自分たちが動けなくなったとき
猫のお世話を頼める人がいません。
まだまだ元気だし、差し迫った問題ではないけれど、
今後必ず考えなければいけない問題……
モヤモヤしていたところに、よい解決方法があることを知りました。

これを全国の猫好きさんに伝えなければ！

そう思ったのが本書を企画したきっかけです。


また、子どもや親族がいたとしても、残念ながら安心はできないことも知りました。

「うちでは飼えないから」と、残された猫を保健所送りにする例はあとを絶たないらしいのです。

なんと悲しいことでしょう……。

SNSでも、飼い主さんが亡くなって保健所に収容された猫の話はちょくちょく流れてきます。

突然、狭いケージでひとりきりの生活になり、不安と恐怖でいっぱいの顔を見ると、ぎゅっと胸が締めつけられます。

自分の愛猫をそんな状況には絶対にさせたくないですよね。

私たち飼い主にできることは、元気なうちに愛猫を路頭に迷わせない「しくみ作り」をしておくこと。

そうすればこの先、年を取って体が思うように動かなくなっても、健康に不安ができても、愛猫を守ることができます。

また、命はあるものの、自分が要介護状態になったり認知症になったりして猫のお世話ができない状態になる場合もあります。

そんなときも、ちゃんと事前にしくみ作りをしておけば、愛猫が路頭に迷わずに済みます。


さらにさらに、若い飼い主さんでも、とくに一人暮らしの方は、やはり愛猫のためのセーフティネットが不可欠です。

セーフティネットとは、自分が万一、今日帰宅できなくても、猫のお世話が滞りなく行われるためのしくみ作り。

若くて元気だと、自分の命の心配なんてしないものですが（私もそうでした）、人間だれしも、いつ事故や災害に巻き込まれるかわからないものです。

家に帰れず、猫が空腹のままだれにも気づかれず放置される……

そんなことが起こらないよう、対策しておかねばなりません。

ですからこの本は、高齢の飼い主さんに限らずすべての飼い主さんに読んでいただきたいと思っています。

自分に「もしも」のことがあっても、愛する猫を守りたい。
そう考えるすべての人にこの本を贈ります。

富田園子

目次

1章

自分の身に何かあったとき、愛猫を託せる人はいますか？

2章

必ずしておきたい手続きと書類作り

3章 命のバトンタッチを成功させる

Column

1章

自分の身に何かあったとき、愛猫を託せる人はいますか？

現実にある、悲しい事件

飼い主が亡くなり、残された猫を遺族が保健所に持ち込む例はたくさんあると「はじめに」でお伝えしました。そんなひどいことをする人はまれなのでは……と思う人は、この数字を知ってください。**2022年度だけでも、9559匹の猫と2576匹の犬が飼い主や親族から保健所に持ち込まれています**※。飼い主が亡くなって遺族が持ち込んだほか、飼い主の入院、高齢者施設への入所などがその理由です。

保健所に収容された犬猫は大きな環境変化に戸惑い食欲不振になっている子や、快活さを失いうつ状態の子、逆に人に甘えたくてたまらず、職員さんや見学の人が来るたびにケージの扉に体を擂り寄せてくる子もいます。皆、以前はおうちでのびのびと暮らしていた子たちです。狭いケージの中、一日の大半はひとりぼっち。いったいどんな気持ちで過ごしているのでしょう……。

保健所に収容された動物は一定期間世話をされ里親探しも行われますが、ずっとお世話される保障はありません。**引き取り手が見つからなかったら殺処分も行われます**。殺処分の様子はYouTubeなどで見ることができますが、

※環境省統計資料より。

1章

自分の身に何かあったとき、愛猫を託せる人はいますか？

震えが止まらない子、鳴き叫んでいる子、恐怖でお漏らしをする子など、目を覆いたくなる光景です。しかもほとんどの自治体では安楽死ではなく二酸化炭素ガスによる窒息死で最期まで苦しむというのですから救いがありません。

当然ですが、保健所では好きこのんで動物の殺処分を行うわけではありません。とくに動物担当の職員さんには動物好きな人が多く、里親探しに奔走している人がたくさんいます。いまの法律では保護動物に税金を使い続けることはできないため、最後の手段としてやむをえず殺処分を行っているにすぎません。殺処分の動画を公開しているのも、殺処分の残酷さを周知してもらうためです。

だれも望まない殺処分。その数を減らすため、最近では人に飼育されていた犬猫は保健所でも極力引き取らないようになってきています。2011年には動物愛護管理法が改正され、飼い主の責任として動物の終生飼養（最期まで面倒を見ること）が盛り込まれたため、「ペットは一切引き取らない」と宣言している市区町村もあります。

「動物愛護センター」は保健所の一部

保健所のなかで動物を管轄するところは「動物愛護センター」などの名前になっている自治体が多くあります。名前からは「動物を守ってくれるところ」というイメージを受けますが、多くの自治体では殺処分も行う機関です。身寄りのなくなった動物を自治体が親切にも最期まで面倒を見てくれるシステムなど日本には存在しないと思いましょう。

じゃあよかった……ということには、残念ながらなりません。保健所が引き取ってくれなかったらどうするか。**ペットを外に放り出す人がいる**のです。とくに猫は、野良猫を目にするせいで「外で生きていける動物」と勘違いしている人がいます。もちろん、いままで室内で暮らしてきた猫にいきなり外で暮らせといっても無理な話で、食べ物にありつけずガリガリになった姿で発見される捨て猫がいます。動物の遺棄はれっきとした犯罪ですが、そのことすら知らないのか、見つかりっこないと思っているのか。そういう人が少なからずいるのが現状です。

なかには**遺品整理業者に「家具といっしょにペットも処分して」と頼む遺族もいるそうです**。ペットはただのモノ扱い、邪魔者扱い。もちろん遺品整理業者がペットを処分することはありませんが、では遺族はその後ペットをどうする

のか。悪い想像しか浮かびません。

こうした例から、「家族がいるから大丈夫」ではないことはもうおわかりでしょう。血が繋がった家族でも、ものの価値観はさまざまで、とくに動物への愛情は人によって大きな差があるのです。

もちろん「家族なんてまったくあてにならない」といっているわけではありません。大事なのは**曖昧な期待で終わらせるのではなく、ちゃんと家族と約束をしておく**こと。「わざわざいわなくてもわかるだろう」は通用しません。あなたという後ろ盾がなくなっても愛猫が生きていくために、元気なうちに家族と話し合っておいてください。

一人暮らしの飼い主さんは、自分が急に倒れることも想定しておかねばなりません。**飼い主**

さんが家で孤独死し、それにだれも気づかず時間が経ってしまいペットも餓死。数ヶ月後に飼い主とペットの遺体が発見される……という悲しい事件が実際に起きているのです。自分が死んだあと、図らずもかわいがっていた愛猫まで死なせてしまうとは、飼い主さんもさぞかし無念だったことでしょう……。飼い主さんの遺体にペットが寄り添うようにして死んでいることもあるそうです。

幸運にも猫が生きている状態で発見されたとしても、長期間の空腹や脱水、糞尿まみれの生活がどれほどの苦痛を与えるのか。一般社団法人日本少額短期保険協会「孤独死対策委員会」の統計によると、孤独死が発見されるまでの日数は平均18日。長いと3ヶ月以上発見されないこともあるようです。犬なら鳴き続けて近所か

孤独死　死亡年代

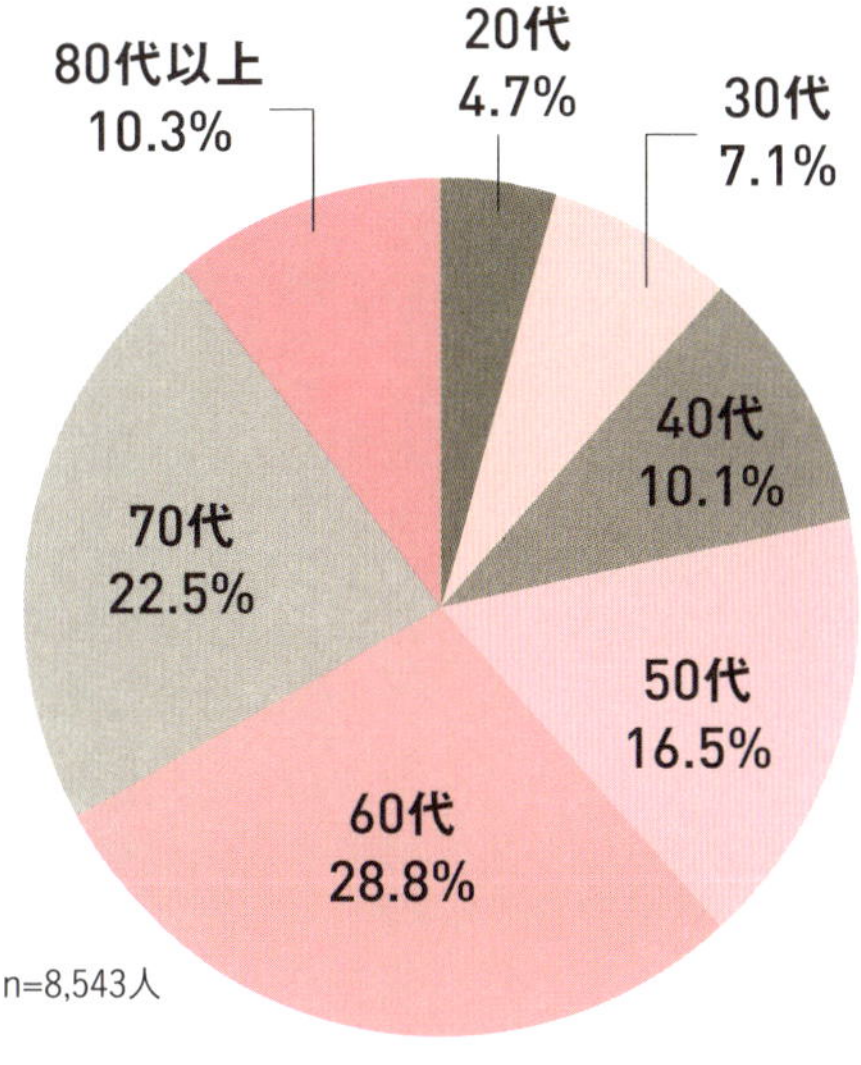

一般社団法人日本少額短期保険協会「孤独死対策委員会」2024年統計より。
孤独死した人の平均年齢は男性 62.5歳、女性61.4歳。まだまだ元気な世代です。
また39歳以下の孤独死は約12%。若い世代でも突然死はあります。

ら通報され発見につながることもありますが、猫は辛くてもじっと我慢する動物。鳴き声や物音で発見につながることはほぼないでしょう。

孤独死の現場に最初に立ち入る人はペットが中にいることなどわかりませんから、ドアを開けたとたんペットが飛び出してくることもあるそうです。過酷な状況で長期間過ごしていて半狂乱になってしまうのでしょう。そのまま行方がわからなくなる子もいれば、マンションの廊下から落ちて大ケガした子もいるそうです。

突然死ではなく、**飼い主さんの事故や入院などによりペットだけが家に取り残されるケース**もあります。飼い主さんの意識があればだれかにペットの世話を頼むことができますが、問題は意識がない場合です。**だれかがペットが取り残されていることに気づき、助けたいと思っても、本人の許可が取れないので手出しができません**。法律上、ペットは飼い主の所有物なので他人に渡すことができないからです。

動物が日に日に弱っていくことがわかっていながら助けられないとは本当におかしな話だと思いますが、ここはいわば法律のグレーゾーン。突破するのが困難な壁となっています。しかしこれも、飼い主さんが事前にちょっとした準備さえしておけば救えます。あなたのちょっとした準備が猫の命を左右するのです。

命に関わる例はまれだとしても、例えば**出張などで遠出した日に悪天候で交通機関が止まってしまい、当日中に帰宅できなくなった**などのトラブルはよく耳にします。あなたの帰りを待つ猫が空腹で何時間も、場合によっては何日も過ごさなければならないとしたらどうでしょう。

万一のとき、代わりに猫のお世話をしてくれる人を作っておくべきだったと思うのではないでしょうか。そういうときのためのしくみ作りを、本書では伝えていきます。

猫に遺産は渡せない

猫を愛する私たちにとって、猫は大切な家族ですよね。ですが、日本の法律ではペットは〝物〟として扱われます。飼い主が所有する財産のひとつという扱いです。家具や宝石など命がないものと同じに扱われるのは違和感がありますし、異存は大いにありますが、とにかく現状の法律ではそうなっています。

そして日本の法律では、財産を渡せるのは人や団体に限られています。法律上〝物〟であるペットに直接遺産を渡すことはできません。そのため遺言書に「ペットに遺産を渡す」と書いても無効になってしまいます。ではどうすればよいのか。あなたの代わりにペットを世話してくれる人を見つけて、その人に遺産を渡す必要があります。

人間の子どもなら、大きくなれば独り立ちできますが、ペットはいつまで経っても世話が必要な永遠の子ども。あなたという飼い主がいなくなったその日から、食べるものにも困る存在です。そんな存在を守り抜くには用意周到な計画が必要になります。

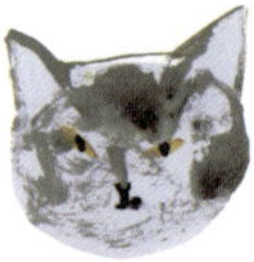

万一のとき、愛猫を託せる人はいますか？

さて、自分にもしものことがあったとき、愛猫を託せる人はいるでしょうか。家族、友人のなかで頼める人はいますか。理想は、猫好きで猫の飼育経験があり、猫アレルギーはなく、健康に問題のない人。できれば下の世代の人。何より、あなたと信頼関係があることが大切です。その人が集合住宅に住んでいる場合、ペット可の物件かどうかも確認しなくてはなりません。

離れていても**家族や親戚がいる人は、まずはそのなかから最適と思う人に打診**してみましょう。頼みたいことがあると伝え、直接会ってお願いします。大切な話ですから、会って話すのが一番です。第一候補の人に断られたら第二候補、というふうに順番に打診してみましょう。

猫を飼っている友人どうしで「万一のことがあったら、互いの猫を引き取る」という約束を交わしてもよいでしょう。猫の飼育経験があるので安心できますし、猫を大切に思う気持ちも理解してくれるはずです。万一、お互いの猫どうしの相性が悪かった場合、別々の部屋で飼うことができるかも確認してください。

「親戚とは縁遠いし友人も皆、高齢で頼める人がいない」ということもあるでしょう。そういう場合は**老猫ホームや、猫の保護相談に乗ってくれる動物愛護団体を探しましょう**。こうした施設は全国にあります。ただ、もちろんどこでもいいわけではありません。のちほど選び方のポイントをお伝えします。あなたが「ここなら安心」と思えるところを見つけてください。

こんな人に愛猫を託したい

- ☑ 猫好き
- ☑ 猫の飼育経験がある
- ☑ 猫アレルギーなし
- ☑ 健康に問題がない
- ☑ 下の世代の人
- ☑ ペット可の住宅に住んでいる
- ☑ あなたの猫を知っている
- ☑ 約束を守れる、信頼できる人

猫を託す相手を「人任せ」で決めない

親族がたくさんいる人は「だれでもいいから、親族内で話し合って猫の面倒を見る人を決めてほしい」と思うかもしれません。しかし、この方法はおすすめしません。親族会議が猫の押しつけ合いの場になるなど揉め事の原因になりかねませんし、「傍観者効果」でなかなか決まらないというデメリットもあります。「傍観者効果」とは、複数の人がいることによって「自分がやらなくてもだれかがやってくれるだろう」という心理が働くこと。助けを必要とする人がいるとき、そばに自分しかいなければ人は積極的に助けますが、まわりに自分以外の人がいると「だれかが助けるだろう」と、積極さが失われるという現象が起こるのです。あなたの大切な猫を託すのですから、適任者と思う人と一対一で話し合ったほうが相手が引き受けてくれる確率が高まります。

➡ P.23 頼れる人がいない場合は老猫ホームや愛護団体を探す

愛猫にいくら残せばいい？

愛猫を託せる人が見つかったら、その人に猫の飼育費用を渡す必要があります。善意で猫を世話してくれる人に飼育費用まで甘えるわけにはいきません。その人の家計を圧迫するわけにはいきませんし、そんな条件で猫を引き受けてくれる人を探すのは難しいことです。とはいえ、いくらくらい渡すのが妥当なのでしょうか。

ペット保険のアニコム損保による調査（2023年）では、**猫1匹にかかる1年間の飼育費は平均で17万円ほど**だそうです。ひと月に1万4000円ほどです。また、一般社団法人ペットフード協会の調査（2023年）によると、**猫1匹にかかるひと月の飼育費は平均8005円、猫1匹を最期まで面倒見たときの総額は平均で149万8728円**となっています。

これらはあくまで参考値ですが、あなたの場合はどれくらいでしょうか。私もそうですが、猫にかかる費用などアバウトにしか把握していない人も多いのではないでしょうか。その場合、試しにひと月だけ、実費の合計を計算してみてはどうでしょう。

仮にひと月1万円かかっていたとして、猫の平均寿命が16歳弱。いま仮に猫が5歳だとすると、あと11年弱生きる計算になります。すると1万円×12ヶ月×11年で132万円。16歳を超えて長生きするかもしれませんし、ふつう、高齢になるほど医療費がかさむものなので、長生きしたとしても不自由ないだけの金額を残すとすると、150万円ほどは必要と考えられます。

こうして俯瞰してみると、ペットの飼育にはやはりそれなりのお金がかかるものです。そのためにも、ある程度まとまった貯えはしておきたいものです。

ちなみに愛猫を**老猫ホームに入れるためには200万円以上かかるところがほとんど**です。高額に思えますが、場所代等を考えると決して高い金額ではないのですね。

その一方、なかには**数万円で引き取るという**

飼い猫の平均寿命

15.79歳

※一般社団法人ペットフード協会「令和5年全国犬猫飼育実態調査」より。

いま猫が5歳とすると、
平均寿命まであと11年弱。
毎月10,000円かかっていたとすると、
10,000円×12ヶ月×11年＝1,320,000円
が必要なお金になります。

愛護団体もあります。愛護団体は支援者から寄付金を募るのでそれである程度補えるとはいえ、破格の値段です。平均的な生活なら数ヶ月で使い切ってしまうような金額で一生涯面倒を見てくれるというのですから。ただ、こういう安価なところこそよく調べるべきです。安かろう悪かろうでは愛猫が苦しみます。よく調べたうえであなたがその施設の方針に本当に納得できるのなら、そういうところに任せてもよいと思います。**重要なのはあなたが納得できること、そして愛猫が辛い目に遭わずに済むこと**です。安心して任せられる施設のチェック項目はのちほどお伝えします。

数百万円から数万円まで、猫にかかる費用も本当にピンキリです。どんな場所で過ごしてほしいか、具合が悪くなったときにどの程度の医療を受けさせたいか。最高ランクを望むか最低限の動物福祉が守れる程度でよいのか中程度がいいのか。猫を任せる相手を選ぶにはそこから考える必要があります。

里親探しもナシではないけれど

愛猫に新しい飼い主（里親）を見つける方法ももちろんあります。その場合は里親さんがその後の飼育費用を出すのでお金の負担は最も少ない方法です。ですが、いつ見つかるかわからない里親さん頼みではセーフティネットになりえません。そのため本書では里親探し以外の方法をお伝えします。

里親探しをする場合は里親詐欺に注意。大事にするからとペットを引き取ってじつは虐待する人間が世の中にはいます。譲渡する際は飼育環境の確認や身分証の確認が必須です。

頼れる人がいない場合は老猫ホームや愛護団体を探す

「愛猫を託せる人を見つけたいけれど、親戚は縁遠いし、友人・知人にも適任者はいない」という場合もあるでしょう。そんなときは老猫ホームや動物愛護団体を探しましょう。**老猫ホームは営利組織で、愛護団体は非営利組織**。愛護団体は猫を引き取ったあとよい里親さんが現れれば譲渡も行うぶん、老猫ホームより費用が抑えられているところが多いようです。

こうした老猫ホームや愛護団体は全国にありますが、残念ながらなかにはお世話がずさんなところや、経営状態が危ないところ、動物の数に対して人手が足りず多頭飼育崩壊状態になっ

ているところもあります。ですから、**しっかりと自分の目で見て信頼できるところを選ばなければなりません**。そのため**施設の見学というステップは外せない**でしょう。見学時に施設は清潔か、においはひどくないか、暮らしている猫は健康か、ケージに入れられっぱなしではないか、質のいいフードを与えているか、体のお手入れはされているかなどをチェック。できれば一度ではなく複数回、一部屋だけではなく施設全体を見学させてもらいましょう。

体調等の理由でどうしても施設を訪れることができない場合は、信頼できる人に代わりに見学しに行ってもらってもよいと思います。**見学を断るところはそもそも信頼できません**。どのような場所で過ごせるのかわからないまま愛猫をあずけることなどできませんよね。老猫ホー

猫をあずける施設のチェック項目

- ☑ 施設は清潔か
- ☑ においはひどくないか
- ☑ 暮らしている猫は健康か
- ☑ 猫がケージに入れられっぱなしではないか
- ☑ 質のいいキャットフードを与えているか
- ☑ 体のお手入れはされているか
- ☑ スタッフの猫の扱い方はよいか
- ☑ 飼育環境は過密でないか
- ☑ 健全な経営がされているか

NPOの種類

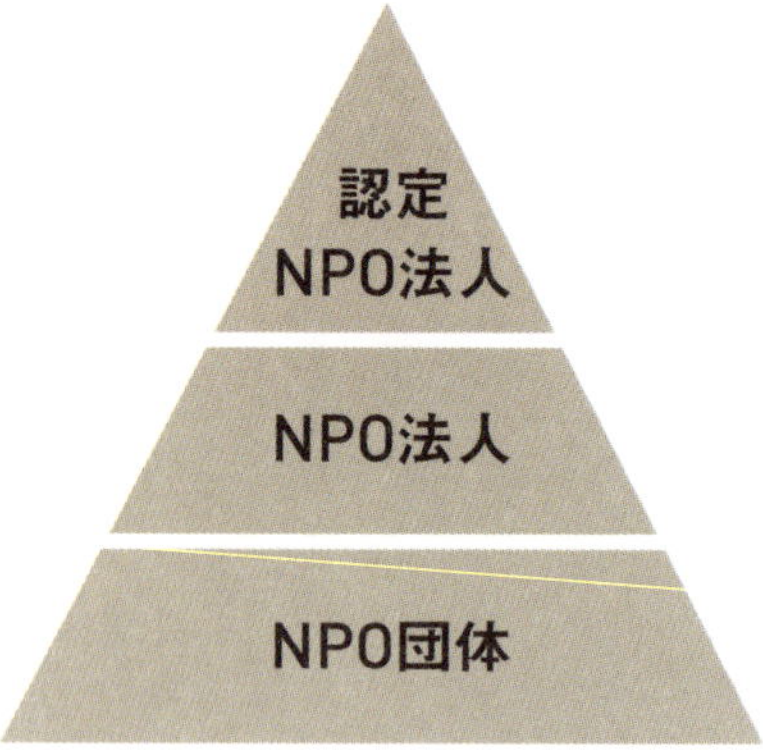

NPOは名乗ればどの団体でもなれます。上に行くほど申請の難易度が高く、そのぶん社会的信頼性も高くなります。

ムは営利組織ですから、健全な経営がされているかどうか、帝国データバンクなどに調査を依頼するのも手です。

愛護団体はNPOであることも多いですが、「NPOだから大丈夫」とは限りません。**とくに審査や手続きがなくてもNPOにはなれる**からです。単なるNPOでなく、NPO〝法人〟は審査を受けて認証された団体で、社員の人数など設立に一定の条件があるので、そのぶん信頼性は増します。NPO法人は「決算書」や「年次報告書」の公開が義務づけられているので、そういった書類を判断基準にしてもよいでしょう。

インターネットでその団体の評判を見てみるのもよいでしょう。ただ、悪評があったからといって鵜呑みにするのは賢い方法ではありません。匿名性の高いインターネットのなかでは、バッシングが横行しています。なかには、猫の里親になりたかったのにその団体に断られたために、逆恨みして悪評を書き連ねている人もいます。よい評判がどれだけあるか、悪い評判を書いているのは一部の人ではないのか、総合的に判断することが大切です。

動物のための遺贈

自分のペットの飼育費以外にも財産があり、身寄りのない犬猫を救うために役立ててほしいと思ったら、信頼できる愛護団体に「遺贈」するという手もあります。それには〈遺言書〉が欠かせません。弁護士や行政書士などの専門家に相談しましょう。

➡ P.45　猫のための〈遺言書〉を作ろう

猫といっしょに入れる高齢者施設もある

数は少ないですが**ペットといっしょに入居できる高齢者施設もあります**。体が不自由になってきた人や一人での生活が不安という人はこうした施設に猫連れで入ってもよいでしょう。あなたが倒れたときもスタッフさんが気づいてくれるでしょうし、一人で暮らすより安心。最期まで愛猫といっしょに暮らしたいという願いを叶えてくれます。

ただ、こうした施設に入るにはそれなりの費用が必要です。高齢者施設は大きく分けて「公的施設」と「民間施設」がありますが、**費用が安い公的高齢者施設にペット可のところはほとんどありません**。つまり、費用の高い民間施設から選ぶしかありません。

また確認しておきたいのは、**ペットのお世話をどこまで施設スタッフに頼めるか**という点です。「ペット同居可」を売りにしている施設のなかにはスタッフがペットのお世話を代行したり獣医師が定期的に往診に来たりするなどペット用サービスが充実しているところもあって、ホームページでそれをアピールしています。しかし単に「ペット可」としか表記がないところ

民間の高齢者施設

介護が必要な程度などによって選べる施設が変わってきます。

	介護つき有料老人ホーム	住宅型有料老人ホーム	サービスつき高齢者向け住宅	グループホーム
どんなところ？	介護スタッフが常駐しており、本格的な介護や生活支援が受けられる	食事の提供や洗濯、掃除などの生活支援が受けられる。介護サービスは外部の事業者との契約が必要	高齢者向けバリアフリーの賃貸住宅。介護サービスは外部の事業者との契約が必要	認知症の人が5～9人集まり共同生活。自分たちで家事も行う。介護スタッフがサポートする
入居条件	原則65歳以上	原則65歳以上	原則60歳以上	65歳以上 要支援2以上
入居金の目安（はじめに払う費用）	0～1億円	0～1億円	0～数十万円	0～100万円
月額目安	12～40万円	12～40万円 ＋介護費	10～30万円 ＋介護費	12～18万円

参考：『高齢者施設 お金・選び方・入居の流れがわかる本 第3版』（翔泳社）

は、詳しく確認する必要があります。こうした施設はもちろん**人の介護がメインですから、ペットのお世話は基本的に飼い主任せ**。体が不自由になって猫のお世話が難しくなっても施設のスタッフが代行してくれることはないので、困ったことになってしまいます。

また、あなたが先に亡くなったとき、**多くの施設は遺族にペットを返します**。そのとき遺族が猫の面倒を放棄すれば猫は路頭に迷ってしまうので、**やはり猫のためのセーフティネットが必要**です。そもそも残されたペットを引き受けてくれる人がいないという高齢者の場合、はじめからペット連れの入所は断られる可能性が高くなります。

ただ、なかにはまれに飼い主が亡くなったあと、残されたペットを最期まで面倒を見てくれる施設もあるようです（遺族がペットの飼育費を毎月払うなどの条件あり）。こうした施設なら人と猫、両方のセーフティネットになりえます。残された猫はどんな環境で面倒を見てもらえるのか、P.23のように調べたうえで納得できるなら、そういった施設にいっしょに入るのもよいでしょう。

貯えがない場合は保険を活用しよう

「愛猫を守りたいけれど、いきなり数百万円なんて用意できない」という人もいるでしょう。そんな人には保険がおすすめ。飼い主さんが障害を負ったり、亡くなったりしたときに保険金が下りる商品があります。**これらの保険の画期的なところは家族以外を保険金の受取人にできるところ**。ふつうの保険は配偶者や子どもなど2親等以内の親族しか受取人に指定できません。親族以外にペットを託す場合もその人を受取人にできるので、保険金を飼育費に充てられます。貯えはないけれど少しずつなら支払えるという人はこういった保険を利用するのも手でしょう。

スマイル少額短期保険
「ペットのお守り」

飼い主の死亡や重度障害状態となった場合に最高300万円を給付。入院したときは1日5,000円が支給されます。満84歳まで加入可能。

SBIプリズム少額短期保険
「プリズムペット」

ペットの医療費保険に「飼育費用補償」が付帯され、飼い主が死亡したり高度障害になったりした場合、ペットが施設へ入る費用として最高50万円が支給されます。

※2024年12月現在の情報です。リンク先の変更により二次元コードで情報が閲覧できない場合があります。

猫の健康管理も欠かせない

愛猫の健康状態を把握しておくことも大切です。当然ですが**持病があればそのぶん医療費がかかりますから、猫のために残すお金も多く必要**になってきます。血液検査の結果表などは健康状態を把握するための大きな手掛かりとなるのでまとめて保管しておき、猫を託す人に渡せるようにしておきましょう。

また、老猫ホームや愛護団体、猫を飼っている友人宅などほかにも猫がいる環境に愛猫をあずける場合、**愛猫に感染症があると大きな問題**になります。寄生虫の駆除やワクチンで感染症

から身を守るのはもちろんのこと、猫エイズ・猫白血病ウイルスの検査も必須。猫エイズも猫白血病も発症すると有効な治療法がない病気で、感染拡大は避ける必要があります。とくに外猫を保護して飼い始めたケースでは、これらのウイルスに感染している可能性があります。

検査の結果すでに感染していた場合ですが、猫エイズのみなら先住猫と同じ部屋でも飼える可能性があります。猫エイズは猫どうしがケンカした際、感染している猫がほかの猫に咬みつき傷口から唾液が入ることで感染することが多いので、激しいケンカをしない仲なら同室でも飼えるのです。念のため同居猫には猫エイズのワクチンを接種してもらうと安心です。

猫白血病は猫エイズより感染力が強く、唾液からも感染します。猫どうしのグルーミングや食器の共有でもうつるので、飼育する場所を分けたほうが安全。ほかの猫とは異なる場所を用意してもらう必要があります。

当然ですが、**猫を屋外に出すとこれら感染症にかかるリスクが高くなるので、外に出すのは厳禁**。交通事故や迷子になるリスクもあるので、外に散歩に出すのはもちろんやめて、脱走にも注意しましょう。

Column

動物環境・福祉協会Eva理事長
杉本彩さんに聞く高齢者とペット問題

杉本彩さんといえば、公益財団法人動物環境・福祉協会Eva代表として動物に関する政策を提言したり、悪質ブリーダーを刑事告発するなど、日本の動物問題を改善しようと先頭を切って走っている人。そんな杉本彩さんも50代半ば。今後、動物との生活をどのように描いているのかお話を聞きました。

「以前は大勢の保護猫・保護犬がいて自宅や事務所が動物シェルター状態だったときもありましたが、順番に看取っていき、いまは猫が3匹だけ。皆、推定15歳の高齢猫です」

愛猫の写真を見せながらにっこり微笑む杉本

現在杉本さんがお世話をしている猫のマイケル（右）、小春（左）、ミルバ（下）。みんな推定15歳。

抱っこしているのは2024年3月に看取ったクロちゃん。なでるとすぐに喉を鳴らす猫だったそう。杉本さんはいままで何十匹もの犬猫を介護し看取ってきました。

さん。いまの猫たちは東日本大震災の被災地にいた猫や動物愛護センターに収容されていた子だといいます。

本書のテーマである、自分に万一のことがあったときの対策をしていますか？　と聞くと、「猫用の口座を作って、そこに猫たちが生涯不自由なく暮らしていけるだけのお金を貯めています。以前から、私が不在でも変わりなく動物たちが暮らせるよう、週に何日か我が家に従妹が通ってくれているのですが、自分に何かあったときは彼女にその預金を使ってもらうよう手はずを整えていて。もしものときは彼女に猫の世話をしてもらえるよう、120％の準備をしています」

長年、動物問題に取り組んできた杉本さん、やはり万一のときの備えも万全のようです。

いまの日本で高齢者とペットの問題は増えていますか？　と尋ねると、

「正確な数を把握しているわけではないですが、やはり多くなっている印象です。超高齢社会だから当然といえば当然ですね……。以前も孤独死した高齢女性が飼っていた猫20数匹が自宅に閉じ込められているという通報がありました。女性のご遺体が警察や行政によって運び出されたあと、鍵が閉められてしまい猫たちが閉じ込められてしまったのです。Ｅｖａに通報があった時点で、猫たちが家に閉じ込められてから2週間が経っている状態でした。

猫たちを心配した近所の人が市役所や警察に連絡したのですが『相続人の許可がないと鍵は開けられない』との返事。『では相続人に連絡して許可を取ってほしい』と頼んでも『常識的に考えて四十九日までは連絡は取れない』など

「動物の緊急一時保護制度を政府に提案します」

といって連絡を取ってくれない。やりとりしながらじりじりと時間が経ち、自宅に閉じ込められてから3週間目に、恐れていた事態が起きてしまいました。室内で猫が死んでいるのが窓越しに確認できたのです。

もうこれは不法侵入といわれようと猫を助け出すしかないと我々は現場に向かいました。結局、私たちが逐一現状を伝えていた国会議員事務所が行政と警察に強い要請を出したため、その日猫たちは行政と警察などによって保護され、不法侵入せずに済んだのですが……」

放っておけば死んでしまうとわかっていても、法の縛りがあって閉じ込められた命を救うことができない。そんな現状に身震いがします。

「日本の法律では、虐待されている子どもは自治体が『緊急一時保護』できることになっています。私たちは動物にもその制度が必要だと思

「動物愛護団体もよく見極めを」

っています。Ｅｖａは虐待現場からの動物の緊急一時保護制度を政府に提案するため動いています」

また、身寄りのない人の最後の頼みの綱となる動物愛護団体についても、よく見極めてほしいと語る杉本さん。

「信じがたいことですが、世の中には動物愛護の精神からはかけ離れた、悪質な自称愛護団体が存在します。本当に悲しいことです。かわいそうだからと犬猫をどんどん引き取り、多頭飼育崩壊状態になっているところ。過密状態で犬どうしがケンカし、弱い犬が咬み殺されるなどの事件が起きているところ。寄付金目当てで活動報告に過剰な演出をつけたり嘘の活動報告をしたりするところ……。

ときどき目にする、駅のロータリーで犬を連れて募金活動をしている団体を調べてみたら、ペット販売業者との関連が疑われる団体でした。たぶん、事業者から引き取った犬を保護犬やセラピードッグとして募金活動に使っているのでしょう。動物好きな人はやっぱり、犬や猫がいると注目しますから……。ですが、そもそも長時間の募金活動に犬をつき合わせるなんていうことを動物愛護の人間がするか考えてみてほしいんです。よかれと思って募金をしたら、結果的にはペット販売業者を支援していたなんてことにならないよう、そこが本当に善良な団体かどうか、見極めてから支援をしてほしいです」

最後に、動物好きの高齢者へメッセージを。

「新しく迎えるなら、高齢の保護猫・保護犬を迎えてあげてください。高齢のほうが落ち着いていますし、お世話する期間も短く、自分が元気なうちに天寿をまっとうさせられる確率も高まります。愛護団体のお手伝いとしてあずかりボランティアをするのもいいでしょう。『飼う』以外にも動物と関われる手段はあります」

啓発ポスター。Evaでは以前よりペットショップの生体販売に反対しています。

杉本 彩（すぎもと・あや）

公益財団法人動物環境・福祉協会Eva理事長。俳優、作家、実業家。20代のころから動物愛護活動を始める。著書に『それでも命を買いますか？』(ワニブックス)、『動物は「物」ではありません！』（法律文化社）など。

公益財団法人動物環境・福祉協会Eva
https://www.eva.or.jp/

※杉本彩さんからお聞きした安心できる施設の見極めポイントはP.23～25を参照ください。

猫が与えてくれるもの

アニマルセラピーという言葉がある通り、動物は多くのよい影響を人間にもたらしてくれます。メンタルが癒やされるのはもちろんのこと、体や脳にもよい影響があることがわかっています。セーフティネットを作ったうえで、愛猫との暮らしを満喫したいですね。

メンタルが安定する

猫を含め動物との触れ合いは幸せホルモン・オキシトシンの分泌を促し、精神を安定させてくれます。またストレスホルモン・コルチゾールの分泌を抑え、不安感を軽減させます。

心筋梗塞や脳卒中のリスクが減る

オキシトシンには血圧や心拍数を安定させる効果もあるため、循環器系疾患の発症リスクが減ります。アメリカの研究では猫を飼ったことのある人は飼ったことのない人より心筋梗塞による死亡リスクが約37％低かったというデータもあります。

脳が活性化する

猫と触れ合うと脳の前頭前野や交感神経が活性化します。とくに猫が思い通りに動いてくれないとき、「理解したい」「どうしたらうまく動いてくれるか」と考えを巡らせることが脳活になるよう。これはツンデレの猫だからこそ得られる効果。ほかに、認知症の予防や改善も期待されています。

2章

必ずしておきたい手続きと書類作り

「うちの猫ノート」に愛猫のデータをまとめよう

1章では猫を託せる人や施設の探し方をお伝えしました。猫を託せる人が見つかったとして、その人が猫のお世話に困らないようにするためには**愛猫の情報をなるべくたくさん伝える必要があります**。愛猫の情報を一番知っているのは当然、飼い主のあなた。なぜか食べないフードの種類や不思議とお気に入りのおもちゃ、変な癖など、あなたしか知らない情報がたくさんあるはずです。口頭で伝えるには限界があるので、ノートにまとめておきましょう。

こうしたペットの終活ノートは市販されているものもありますし、もちろん普通のノートに書いていってもかまいません。記しておいたほうがよい項目はP.116～123を参考にしてください。

書いているうちに愛猫との別れを想像し、涙が溢れてくることがあるかもしれません。一日で仕上げなくてかまいません。猫を託す人にあなたの愛情も引き継いでもらうつもりでひとつひとつ書き留めましょう。

ノートにはいままでのことだけでなく、**今後の希望も書きましょう**。あなたがお世話できなくなって別の人に猫を託したあとのことです。

「うちの猫ノート」の作り方

食生活から苦手なモノまで愛猫の情報をまとめます。
猫のお世話を別の人に託すとき、貴重な情報源になります。
猫が複数いる場合は、それぞれにノートを作りましょう。

写真もあると◎

愛猫の写真を複数添えておきましょう。とくに猫が複数いる場合、取り違えを防げます。全身、顔のアップ、しっぽがわかる写真があるとよいでしょう。

手書きでなくてOK

与えているフードなど変わっていく内容もあるので、データのほうが修正もしやすくなります。

必要書類もいっしょに

動物病院の検査表やワクチン証明書、マイクロチップの登録証明書など、愛猫に関わる書類もノートといっしょに保管しておきます。

「健康診断は1年に一度は受けさせてほしい」「おやつの時間を楽しみにしているので、毎日おやつをあげてほしい」「同居猫の○○ちゃんとは仲良しなので同じ部屋で世話してほしい」など。猫を託す相手の都合によっては叶えられないものもあるかもしれませんが、そこは相手と折り合わせていきましょう。まずは自分の希望をはっきりさせることが大切です。

猫が重篤な病気になったときや死に瀕したときにどうしてもらいたいか――希望を捨てず積極的に治療してもらいたいか、痛みを取るケアのみにして安らかに死を迎えさせたいか、などはまだ体験していないことなので考えるのが難しいかもしれません。**ここには個人の死生観が表れます。正解はありません**。わからなかったら「獣医師とあなた（猫を託す人）の判断に任せる」でもよいと思います。猫の命に関わる重要事項について飼い主の考えを記しておくことは、猫を託された人が迷ったときの判断の助けになります。ただでさえこうした判断は難しいものですが、あなたがすでに亡くなっていたら

相談することができません。その人が悩んだときの指針として、おおまかな考えだけでも書き留めておきましょう。

「うちの猫ノート」が完成したら、スキャンまたは写真に撮ったデータをGoogleドライブなどのファイル保管サービスにも入れておくと紛失せずに済むので安心です。そうすれば、愛猫を託す相手とデータを共有するのも簡単。フードなど年齢等で変わっていく内容もありますから、はじめからWordなどのデータで作成しておけば、変更も加えやすくなります。

愛猫の情報や今後の飼育希望をまとめた「うちの猫ノート」に法的効力はありませんが、のちほど紹介する**〈ペット信託〉とリンクさせることで法的効力をもたせることができます**。

ペットといっしょに入れるお墓もある

猫が亡くなったら自分と同じお墓に入ってほしいという人もいるでしょう。では所有するお墓に猫のお骨も入れることはできるのでしょうか。

動物は法律上では“物”なので、猫の遺骨は副葬品として入れても法的には問題ありません。しかし霊園やそれを管理する寺社によっては動物の納骨を禁じているところがあります。お墓の契約書を確認してみてください。

最近ではペットといっしょに入れることをアピールしている霊園もあります。そういったところと新しく契約を結ぶのもよいでしょう。「うちの猫ノート」に「愛猫は自分と同じお墓に納骨してほしい」と記入し、それを〈ペット信託書〉とリンクさせれば、願いが叶えられます。

➡ P.56　より強力なセーフティネット〈ペット信託〉
➡ P.116　書き込み式「うちの猫ノート」

自分の「エンディングノート」を作ろう

人生の終盤に入ったとき、自分に関するデータや所有財産、希望する弔い方などを書き留めておく「エンディングノート」。自分の気持ちを整理するために書くもので、あなたが亡くなったり要介護状態になったりして意思疎通できなくなったときに、まわりの人が参考にするものでもあります。

エンディングノートは市販のものもありますし、書き方の指南書も数多く出ています。ですから本書では詳しいことは省きますが、**大切なのは愛猫について書き留めておくことです**。愛猫を託す人が決まっていたらその人の連絡先や、今後の飼育費を用意しておいたこと、愛猫への想いなども書き留めておきましょう。「うちの猫ノート」（P.40）のありかも記しておきます。

ただし、**エンディングノートには法的効力はありません**。「自分の死後、愛猫は○○さんに世話してほしい」などと書いても、それが実行される可能性は高くありません。**確実性を望むなら、法的効力のある〈遺言書〉や〈信託契約書〉を作ることをおすすめします**。

➡ P.45　猫のための〈遺言書〉を作ろう
➡ P.56　より強力なセーフティネット〈ペット信託〉

猫のための〈遺言書〉を作ろう

終活といえば〈遺言書〉を思い浮かべる人も多いでしょう。自分の死後、親族以外に猫の飼育費として財産を渡したいときの「遺贈」はもちろんのこと、親族のうち猫を託す一人に飼育費として財産を多めに渡したい場合も〈遺言書〉は必要です。

じつは**遺言書は2種類あります**。自身が手書きで書く**「自筆証書遺言」**と、公証人が本人から聞いた内容を文章にまとめて公正文書として作成する**「公正証書遺言」**です。「自筆証書遺言」は手軽に作れるのがメリットですが、不備があ

ると無効になるため、確実に残したいなら「公正証書遺言」がおすすめ。ただし費用や手間がかかります。

「自筆証書遺言」の手軽さを生かしつつ、デメリットをカバーできるのが2020年からスタートした**「自筆証書遺言書保管制度」**です。遺言書の原本と画像データを法務局（遺言書保管所）が保管するため偽造や改ざんの恐れがありません。また法務局職員が遺言書をチェックするため無効になりにくく、家庭裁判所による検認手続きも不要になります。さらに、あらかじめ希望しておけば遺言者が死亡した際、指定した人へ法務局が通知してくれるので、遺言書の存在に気づかれないという事態もなくせます。1件3900円で利用できます。

公正証書遺言はプロに作成してもらうので間違えることはないはず。ですから本書では自筆証書遺言の書き方を説明します。ポイントさえ押さえれば難しいことはありませんし、何度でも書き直しできます。書き直しするときは昔の遺言書は破棄したほうがよいですが、もし複数見つかった場合、最新の日付のものが優先されます。

自筆証書遺言	公正証書遺言
○ 作成に費用がかからず、いつでも手軽に書き直せる ○ 遺言の内容を秘密にすることができる × 一定の要件を満たしていないと、遺言が無効になる恐れがある × 遺言書が紛失したり、忘れ去られたりする恐れがある × 遺言が勝手に書き換えられたり、捨てられたり、隠されたりする恐れがある × 遺族が遺言書の存在に気づかないことがある × 遺言者の死亡後、遺言書の保管者や相続人が家庭裁判所に遺言を提出して、検認の手続きをしなければならない	○ 法律の専門家が遺言書作成を手掛けてくれるので、無効になる可能性が低い ○ 文字を書けない人でも作成できる ○ 勝手に書き換えられたり、捨てられたり、隠されたりする恐れがない × 手間や費用がかかる (知人などから証人を2人用意し、遺言書作成当日に立ち会ってもらう必要がある／弁護士や行政書士への支払いは財産によって変わる)

自筆証書遺言書保管制度

法務局に預けることで、「自筆証書遺言」のデメリットを補えます。

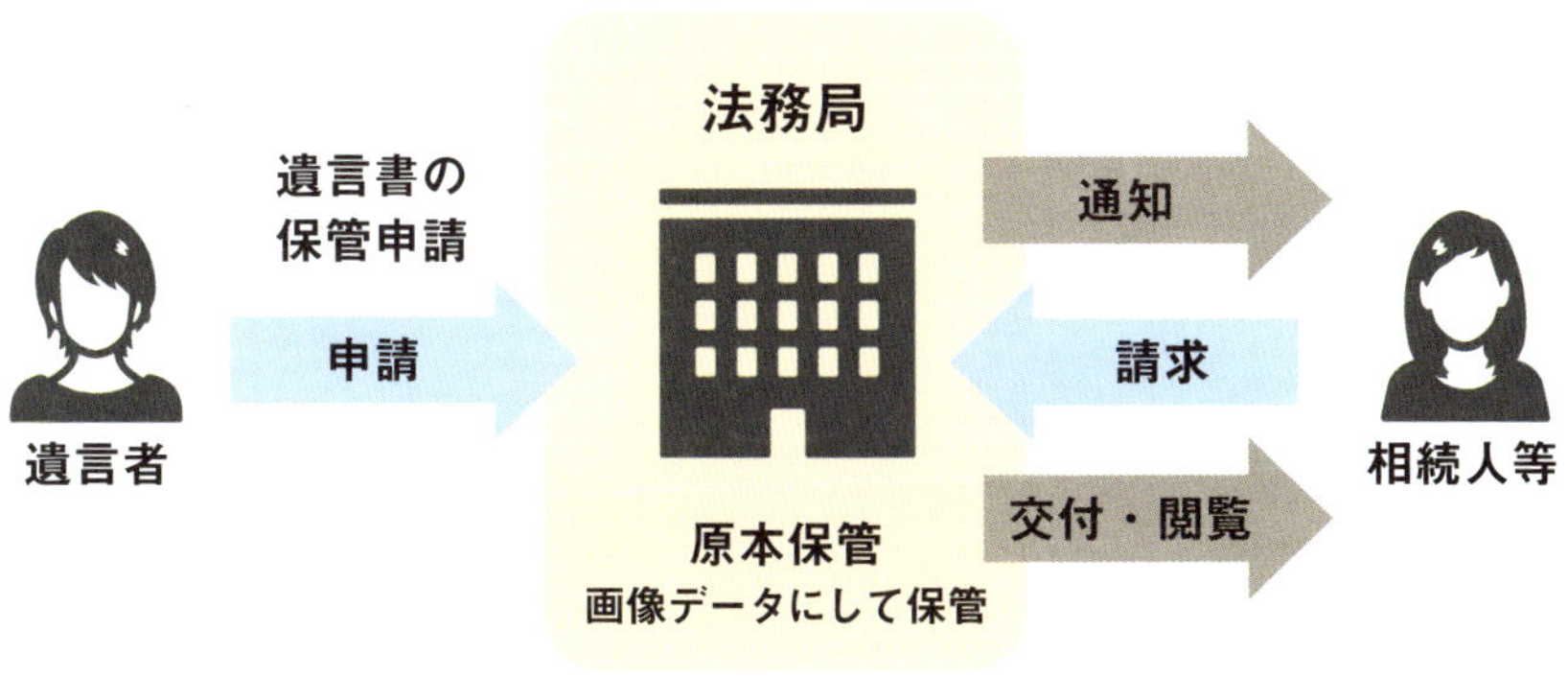

遺言書の文例（自筆証書遺言）

～猫を託す第三者に飼育費として財産の一部を渡す場合～

「自筆証書遺言」はすべて手書きする必要があります。パソコンでの作成や代筆は認められません。

自分の名前です。住民票や戸籍の記載通りに記入します。

遺言書

遺言者　猫田花子は、以下の通り遺言する。

第1条　遺言者は、相続開始時に遺言者の有する次の財産を遺言者の妹　猫田菜々（19××年3月7日生）に相続させる。

相続人の名前です。

1、土地
所在　福岡県○○市△△町□□番00号
地目　宅地
地番　123番45
地積　00㎡

2、建物
所在　福岡県○○市
家屋番号　○番□
種類　居宅
構造　木造瓦葺2階建
床面積　1階　00㎡
　　　　2階　00㎡

法定相続人（配偶者や兄妹など。詳しくはP.52）に財産を渡す場合は「相続させる」という言葉を使います。

法定相続人以外に財産を渡すときは「遺贈する」という言葉を使います。

第2条　遺言者は、相続開始時に遺言者の有する以下の金融資産のうち金150万円を次の者に遺贈する。

住所　福岡県福岡市○○町00番地000号
氏名　小林ゆきこ
生年月日　19××年1月2日

・○○銀行　△△支店　定期預金　口座番号0000000
・○○銀行　△△支店　普通預金　口座番号0000000

第3条　遺言者は、第2条により遺贈した、その残余の金融資産を遺言者の兄　猫田正（19××年5月5日生）に相続させる。

猫を託す相手です。

「自筆証書遺言」書き方のルール

- すべて手書き
- 縦書きでも横書きでもかまいません
- 紙の大きさや紙質も指定はありません。便箋でもレポート用紙でもOK
- 筆記具は消えにくいボールペンや万年筆などを使用します
- 鉛筆や消えるインクの筆記具はNG
- 書き間違った部分には二重線を引き、訂正のための押印をします
- より詳しく知りたい方は、政府広報オンラインへ

政府広報オンライン

遺言執行者とは、遺言の内容を相続人に通知したり、遺言の内容を実現するため手続きする人。弁護士や行政書士、司法書士を指定することが多く、報酬は遺産の1～3％ほど。遺言執行者は必ずしも指定しなければいけないものではありませんが、指定しておけば遺言がスムーズに実現されます。

第4条　遺言者は、この遺言の遺言執行者として、
次の者を指定する。

住所：福岡県福岡市●●××　0番地
職業：行政書士
氏名：磨田　薫
生年月日：19××年〇月〇日

(付言)

私の唯一の心残りは子猫のときからずっとお世話していっしょに暮らしていた愛猫ミイちゃんのことです。ミイちゃんのことは友人の小林ゆきこさんにお世話をお願いしました。そのためミイちゃんの飼育費として財産の一部を遺贈したいと思います。妹菜々と兄正にはそれぞれに私の財産を相続するよう想いを残しましたので、愛猫ミイのことは小林さんにスムーズに託せるよう協力してください。ふたりとも私のぶんも元気に生きてください。

付言《ふげん》とは遺族へのメッセージ。法的効力はありませんが、愛猫への想いや猫を託す相手へ飼育費を渡す旨などを記すことで遺族が納得しやすくなります。

2024年□月□日

福岡県〇〇市□□ 4-5-6
遺言者 猫田花子　猫田

正確な日付が必要。「〇月吉日」などは認められません。

押印は認印でもOK。

「自筆証書遺言書保管制度」を利用する場合のルール

「自筆証書遺言書保管制度」(P.46) では遺言書をスキャンして保存するため、用紙サイズなどに指定があります。

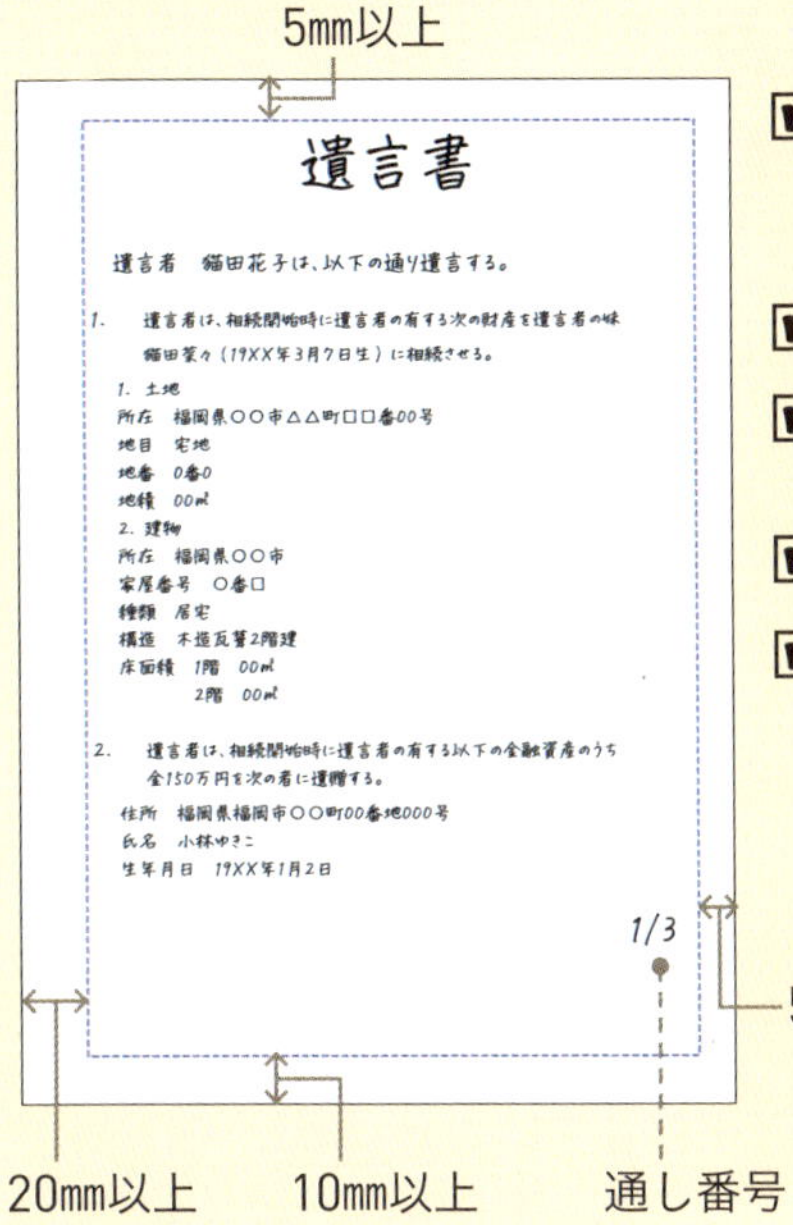

- A4サイズの用紙に記入。上5㎜、下10㎜、左20㎜、右5㎜以上の余白が必要です
- 裏面には何も記載しない
- 各ページに通し番号でページ番号を記載する
- 複数ページでも綴じ合わせない
- より詳しく知りたい方は、政府広報オンラインへ

政府広報
オンライン

遺言書は封筒にしまう

法的には封筒にしまう必要はないのですが、汚れや改ざんなどを防ぐため封筒に入れておくと◎。のりで封をして遺言書に使ったのと同じ印鑑で押印し、「本遺言書は家庭裁判所の検認を受けるまで開封しないこと」という一文を書いておきましょう(自筆証書遺言書保管制度を利用する場合は必要なし)。

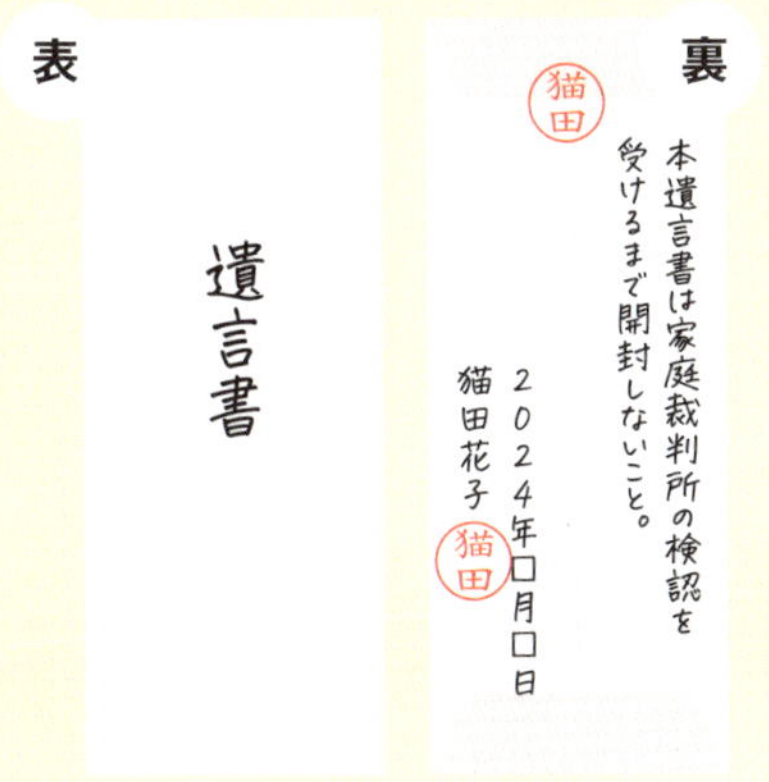

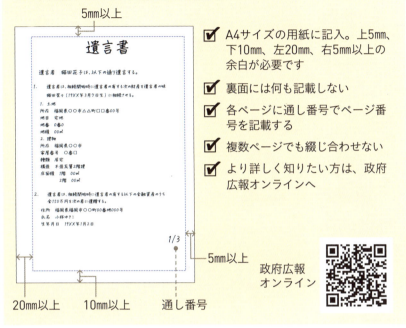

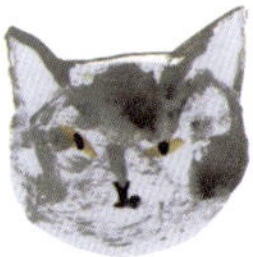

〈遺言書〉を書かないとどうなる？

法定相続人の順位

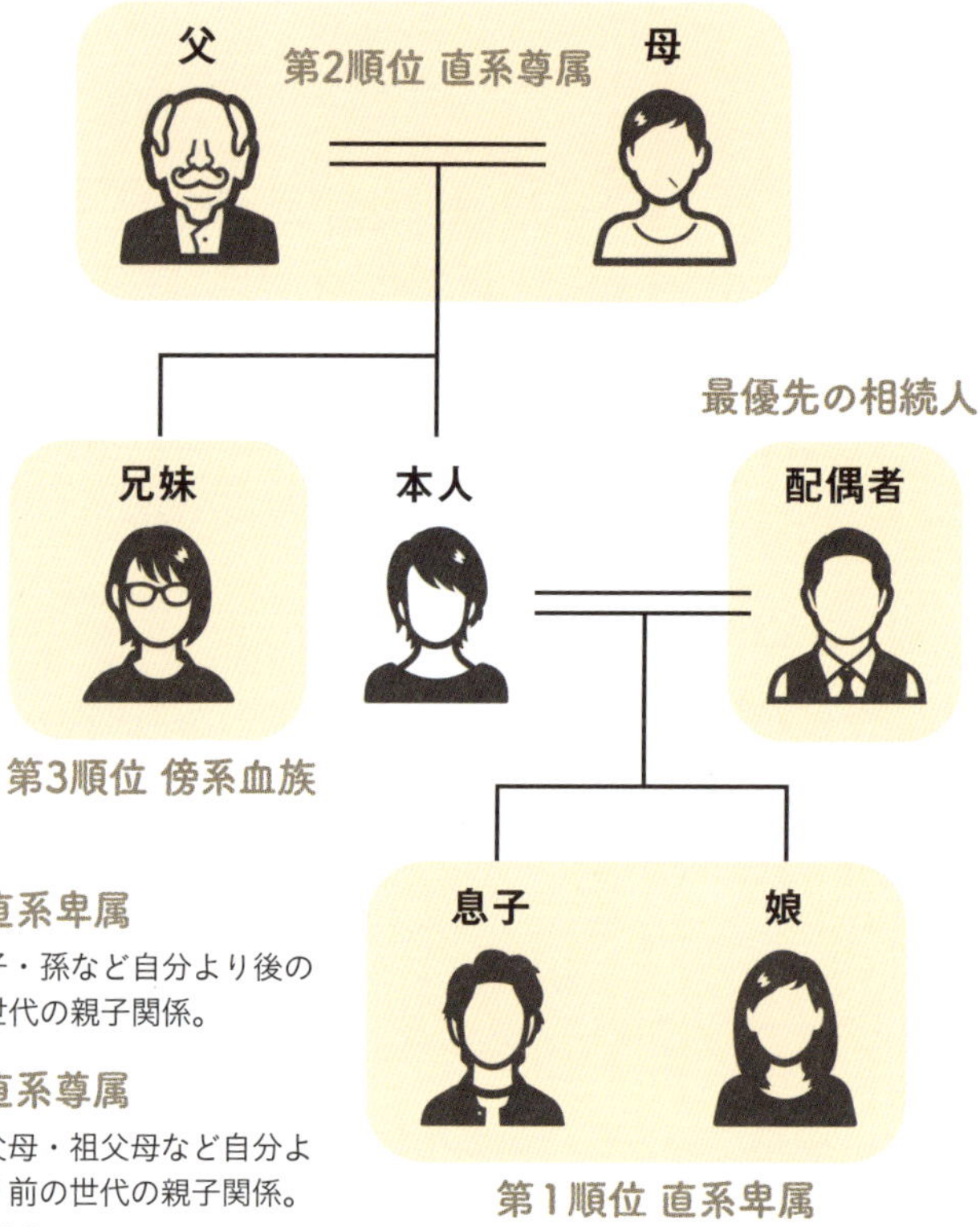

直系卑属

子・孫など自分より後の世代の親子関係。

直系尊属

父母・祖父母など自分より前の世代の親子関係。

傍系《ぼうけい》血族

兄弟姉妹・従兄弟など、直系から分かれ出た血族。

法定相続分の例

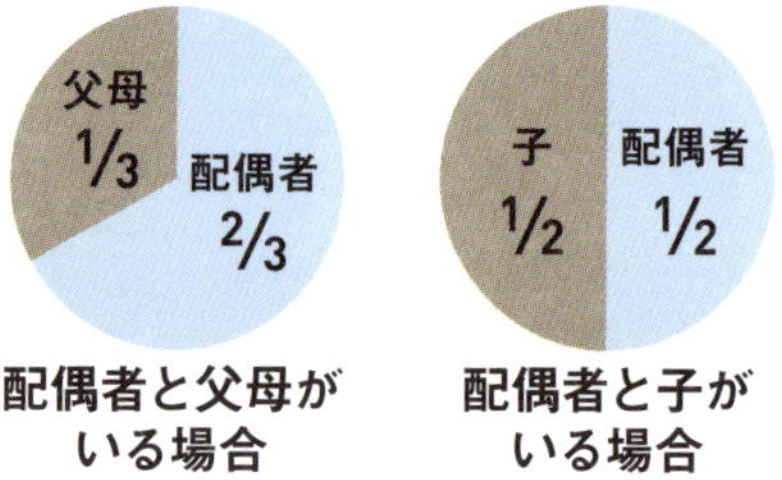

配偶者と父母がいる場合

配偶者と子がいる場合

〈遺言書〉がない場合は、民法に従い法定相続人に財産が分けられます。法定相続人とは配偶者、子、父母、兄弟姉妹のこと。相続する財産の割合の高さもこの順で、配偶者は最も多く財産を引き継ぎます。

例えば自分亡きあと、猫は妻と子どもが世話をするとわかっているのなら、妻と子には財産が一番多く残されるので〈遺言書〉は必要ないかもしれません。しかし例えば姪《めい》に猫を託す場合、姪は法定相続人にはあたらないため〈遺言書〉がないと財産を渡せません。複数いる子どものうち一人に猫を託し、そのぶん遺産を多く残したい場合なども〈遺言書〉が必要になります。〈遺言書〉がないとどの子どもにも均等に財産が渡されます。

「猫を託す人に全財産を渡す」という遺言は有効？

「子どもがいるけれど疎遠だし、愛猫を託す人に全財産をゆずりたい」と思い、そのような遺言書を作っても、その通りにならない場合があります。というのは、法定相続人の一部には最低限の財産相続（遺留分といいます）を主張する権利があるためです。主張することができるのは法定相続人のうち兄弟姉妹以外。配偶者や子ども、父母や祖父母です。こうした相続人へ財産をまったく渡さない、あるいは少ししか渡さないという場合は、あらかじめ本人に了承を得ておかないと、法廷で争うことになりかねません。

財産が少なくて猫の飼育者に渡すぶんしかないという場合は、法定相続人にそれをあらかじめ話して納得してもらうのがよい方法です。

「負担付遺贈」をするための〈遺言書〉

前述したように、「遺贈」とは法定相続人以外の人物に遺産を渡すことです。そのなかの「負担付遺贈」とは、遺贈をする代わりに一定の義務を負担させる制度のこと。この制度を使って**特定の人に遺産を渡す代わりに、猫のお世話を頼むことができます**。もちろんこれを利用するには〈遺言書〉の作成が欠かせません。書き方の例は左ページの通りです。

〈遺言書〉には法的効力があるので、指定した人が遺産を受け取った場合、猫の飼育を引き受ける義務があります。ただし、じつはこの方法は確実ではありません。なぜなら**遺産の相続は放棄することができる**からです。あなたが指定した人が「遺産なんていらないし、猫の世話もしない」と考えれば、猫は路頭に迷ってしまいます。ですから遺言書を作っておくだけでは不十分。いざというときその人が猫のお世話を引き受けてくれるかどうか、しっかりと確認しておく必要があります。

遺言書の文例（自筆証言遺言／負担付遺贈）

自分の名前です。住民票や戸籍の記載通りに記入します。

遺言書

負担付遺贈をする相手。この場合は猫を託す相手です。

遺言者　猫田花子は、以下の通り遺言する。

第1条　遺言者は、小林ゆきこ（福岡県●●市〇〇町0丁目0番地00号　19××年1月2日生）に遺言者の〇〇銀行△△支店の普通預金から金150万円を下記の負担を履行することを条件に遺贈する。

遺贈を受ける人のこと。法定相続人以外に使う言葉です。

記

受遺者小林ゆきこは、前条で遺贈を受けることの負担として、遺言者が長年愛情をもって飼育してきた愛猫ミイちゃんのお世話をその天寿をまっとうするまで行い、死亡後の埋葬、供養等まで責任と愛情をもって行わなければならないものとする。

P.50参照。

第2条　遺言者は、この遺言の遺言執行者として、次の者を指定する。
住所：福岡県福岡市●●××　0番地
職業：行政書士
氏名：磨田　薫
生年月日：19××年〇月〇日

2024年□月□日

福岡県〇〇市□□4-5-6
遺言者 猫田花子 （猫田）

押印は認印でもOK。

より強力なセーフティネット〈ペット信託〉

これまで愛猫を守るための〈遺言書〉の作り方を説明してきましたが、じつはもっと役立つ制度があります。〈信託契約書〉です。「信託契約書って何？」と思う人も多いでしょう。**ペットのための〈信託契約〉、通称〈ペット信託〉は〈遺言書〉より役に立つシステムで、いざというとき強力なセーフティネットになってくれます**。

〈遺言書〉は遺言者の死後に効力を発揮するものです。でも、生きてはいても体が不自由になったり認知症になったりして猫のお世話ができなくなる可能性はありますよね。〈遺言書〉で猫を任せる人を指定していたとしても、あなたが亡くなるまでは、その人に猫をあずけることはできません。そこをカバーできるのが〈ペット信託〉なのです。もともとは高齢になった親をもつ人が活用しているシステムで、〈家族信託〉と呼ばれます。

ご存じかもしれませんが、**認知症になると銀行口座が凍結されます**。不動産や株などの資産も動かせなくなります。判断能力が低下した人は詐欺に遭うことが多く、資産を守るためにそういった措置が取られるのですが、そうすると

必ずしておきたい手続きと書類作り

家族でも預金を引き出せなくなるため、親の介護資金や生活費を子どもが立て替えねばならず、苦しい事態になるケースが多くありました。

〈家族信託〉は本人の判断能力のあるうちに、信頼できる人に財産の管理を委任する契約です。しかも**財産の使用目的を限定することができる**ので、意にそぐわない財産の使い込みを防ぐことも可能です。例えば「自分の老後の生活・介護等に限る」といった具合です。65歳以上の約5人に1人は認知症になるといわれるいま、注目の制度となっています。

ほかに、障害のある子をもつ親御さんにもこの〈家族信託〉が利用されています。自分が年老いてきて子どものことが心配、でも子どもは知的障害があり財産を管理する能力がない、といった場合に〈家族信託〉で信頼する人に財産を管理してもらいつつ、子どもの生活を守っています。

この〈家族信託〉のしくみをペットに応用したのが〈ペット信託〉です。万一のとき猫を託す人を決めたら、その人を飼育者に指定して〈信託契約書〉を作ります。**専用の口座に入れるお金の使い道は、猫のお世話費用。それ以外**

の用途に使ってはいけないという契約です。

猫の飼育を託す人に口座の管理を任せることもできますが、口座の管理だけ別の人に任せることもできます。猫の飼育を任せる人が知り合って間もない人や老猫ホーム、愛護団体などの場合、口座は昔からの友人や知人、家族などに管理してもらい、そこから飼育費を支払ってもらうという方法がとれます。そして**口座の管理者に定期的に猫の健康状態や飼育環境をチェックしてもらいます**。これが〈信託契約〉のチェック機能で、〈遺言書〉ではできないこと。親戚や友人のなかで「猫の飼育はできないけれどお金の管理や飼育環境のチェックならできる」という人はいないか、探してみましょう。

〈信託契約書〉にはほかにも優れた点があります。**飼育についての細かい決まり事を盛り込むことができる**のです。与えるフードや健康診断の頻度など、あなたが理想とするお世話条件を盛り込むことができます。最期、猫が亡くなったときの葬儀のしかたや埋葬方法も指定できます。自分と同じ墓に納骨してほしいという希望も可能です（霊園によって規定あり。P.43参照）。

もしかすると、認知症になると資産が凍結されることをこの本で初めて知った人がいるかもしれません。高齢の親をもつ方は、親御さんが元気なうちに〈家族信託〉を結んでおくと安心です。**親御さんがペットを飼っている場合は、万一のときペットをどうするかもいっしょに考えてあげてください**。この本を渡して読んでもらうのもいいと思います。

〈ペット信託〉のしくみ

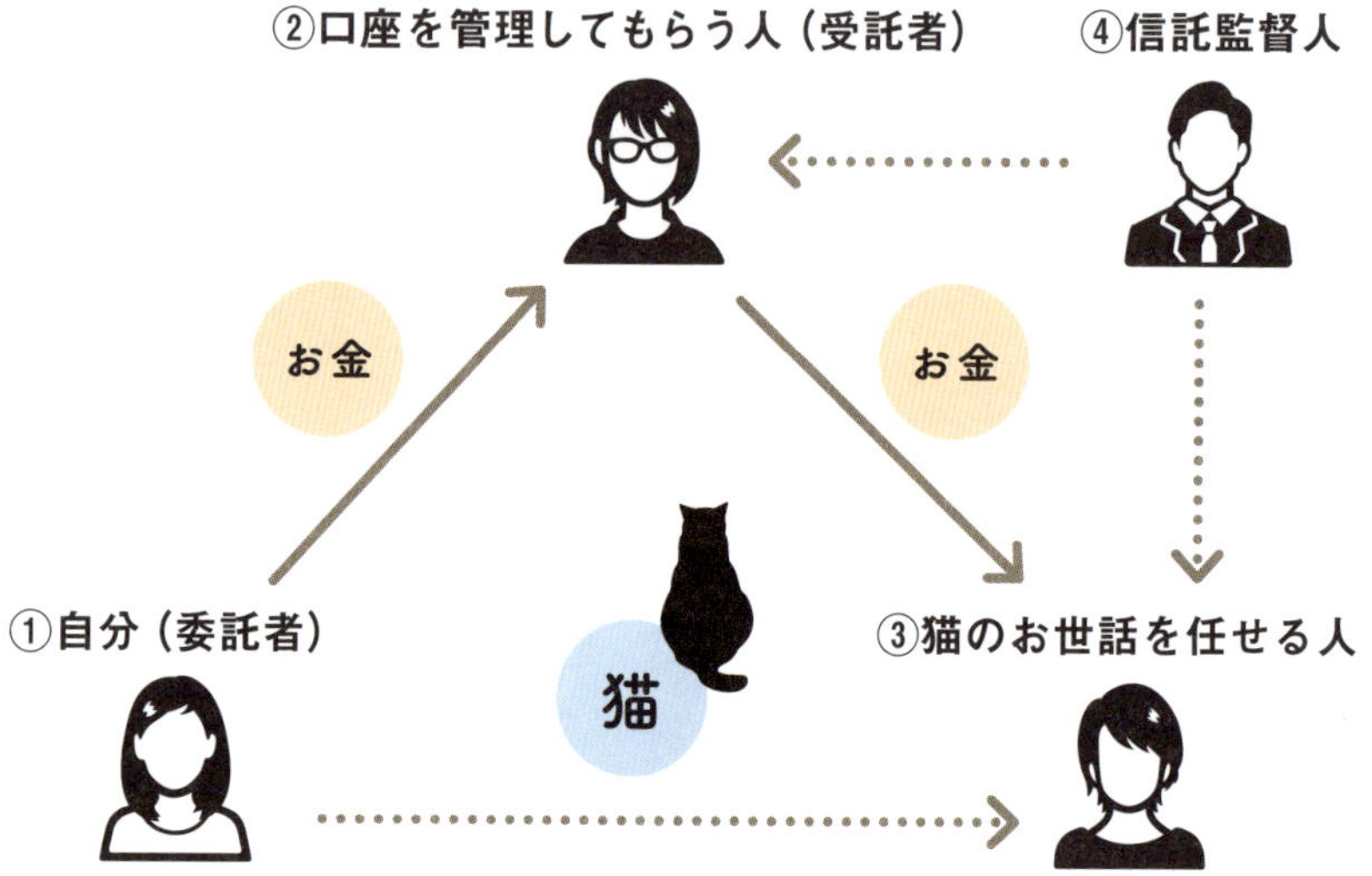

①は飼い主さん自身。②は専用口座に入金する飼育費を管理する人。③は実際に猫の面倒を見てもらう人で、②と③は別々の場合も、同一の場合もあります。
信託契約書の規定通りに猫が世話されているか、お金がその他のことに使われていないかなどを定期的に確認する④信託監督人を立てることもできます。弁護士や行政書士などを信託監督人にすることが多いですが、そうすると月々1〜2万円の費用が発生するので、なしにするケースが多数。②や③が信用できる人なら、別途監督人を立てる必要はないと考えられます。

信託銀行が行う商事信託とは別モノ

信託というと「〇〇信託銀行」を思い浮かべる人もいると思います。でも、ここでいう〈ペット信託〉とはまったく性質が異なります。信託銀行が行うのは預かった財産を管理・運用する商事信託で営利目的。一方、〈ペット信託〉を含む〈家族信託〉は財産を預けるのは信頼している家族や知人で非営利です。

〈ペット信託〉の契約書の作り方

〈信託契約書〉の作成は専門知識が必要なので、ほとんどの人は弁護士や行政書士などの専門家に頼むことになるでしょう。専門家への報酬は信託する金額によって変わりますが、**行政書士に頼んだ場合の目安として15～30万円ほど**（信託財産が50～150万円の場合）。別途、公証役場に支払う実費として数千円かかります。

「飼育費用のほかに契約書の作成費用もかかるのか……」と思う人もいるでしょう。ですが、飼育条件を契約書に盛り込んだり、自分が要介護状態になったときもカバーできるのはこの制度だけです。

残ったお金はどうなる？

愛猫が天寿をまっとうした時点で信託契約は終了となります。契約終了後に口座に残っているお金を「残余財産」といいますが、この残余財産の受取人も〈信託契約書〉で指定することができます。遺言のような働きをするので「信託の遺言代用機能」といいます。

残余財産は自分の生存中は自分に戻ってくるようにしてもよいですし、死後なら遺族に分配したり、口座を管理してくれた人（受託者）や猫のお世話をしてくれた人にお礼として渡すこともできます。気持ちを表すことができるので契約書で残余財産の受取人を忘れずに指定しておきましょう。

〈ペット信託契約書〉の文例

全文ではなく一部抜粋。行政書士などのプロが作成するので、すべてを理解する必要はありません。

自分（委託者）の名前です。住民票や戸籍の記載通りに記入します。

民事信託契約

猫の名前です。

第1条（信託の目的及び成立）

委託者　猫田花子（以下、甲という。）は、甲の飼育する猫（以下「ミイちゃんたち」という。）を大切に思う気持ちから、その管理等をすること（以下「信託事務」という。）を目的として、第２条に定める信託財産（以下「本件信託財産」という。）を信託し、宮森夏美（以下、乙という。）はこれを受託した。本信託契約の締結により、甲の判断能力が低下したとしても、さらに甲が死亡した後においても、ミイちゃんたちが安心して天寿をまっとうできる生活環境及び飼育費を確保することが、本信託に込められた願いである。

飼育費用の口座を管理してもらう人（受託者）です。信頼できる知人や友人、親族にお願いします。猫の飼育を任せる人と同じ場合もあります。

第2条（信託の目的財産）

本信託契約締結日における信託の目的財産は、次の第１号に掲げる通りとする。ただし、将来においては第２号から第3号に掲げる財産も信託財産とする。

(1) １匹につき金150万円（以下、「信託金銭」という）

(2) ミイちゃんたち

(3) 信託財産より生じる一切の果実

専用口座に入れる飼育費用です。金額は猫の飼育を任せる人と相談して決めます。

銀行利息を指します。

これによってあなたが死亡したときだけでなく、認知症や要介護状態になって猫のお世話ができなくなったときも、指定した飼育者に猫のお世話を頼むことができます。

第3条（条件）
前条に定めた信託財産のうち、第2号については下記条件が成就した後に信託財産とする。
(1) 甲の死亡
(2) 甲の判断能力の減退もしくは喪失
(3) 甲の行方不明
(4) その他甲がミイちゃんたちの飼育が困難になったと客観的に認められる場合

第4条（受益者）
本信託契約の当初受益者は甲とする。

第5条（受益権及びその内容）
本信託の受益権は相続によっては承継されないものとし、甲死亡後の受益者については次項により指定する。
1 甲の死亡後の受益権の取得については、第10条の定めにより飼育者に指定された者が新たな受益権を取得するものとする。
2 この信託契約における受益権は、信託契約が終了した際における残余財産の分配権に限定されるものとする。

第4、5条とこのあと出てくる第10、14条により、愛猫が亡くなったあとに口座に残っているお金（残余財産／P.61参照）は、あなたが生きていればあなたのもとへ戻り、あなたが亡くなっていれば飼育者に謝礼として渡すことができます。

猫の飼育を任せる人です。

飼育者は変更も可能。第一飼育者を知人にし、その人が何らかの都合で飼育できなくなったときのために第二飼育者を施設に指定するケースもあります。

～割　愛～

第10条（ミイちゃんたちの飼育）

1　本信託契約が開始した後の第一飼育者として、以下のものを指定する。

住　所　福岡県●●市○○町0丁目0番地00号
氏　名　小林ゆきこ

2　前項の飼育者については、受益者と乙の合意により変更できるものとする。

3　乙は飼育者に対して、信託財産であるミイちゃんたちを飼育するにあたり必要な費用を、信託金銭から支弁することができる。

4　飼育者は、本件信託財産中、ミイちゃんたちに関しては別紙（「うちの猫ノート」）を参照し、その天寿がまっとうされるまで愛情をもって適正に飼育するものとする。

第11条（信託の変更、解約）

甲と乙の合意により、本信託契約の内容を変更または本信託契約を将来に向かって解約することができる。

第12条（信託報酬）

乙の信託報酬については、無報酬とする。

「うちの猫ノート」（P.40）にお世話方法を記して用意。契約書に飼育方法まで盛り込むと長くなり、そのぶん費用がかさむので別で用意するのが◎。データで作った人はプリントアウトして用意しておきます。

第13条（信託の終了）

本信託契約の終了事由は、下記の通りとする。

（1）ミイちゃんたちが死亡した時

（2）受益者と乙が合意した時

（3）その他信託法に定める事由が生じた時

第14条（信託終了後の残余財産の帰属）

本信託契約の終了に伴う残余財産受益者は、信託終了時点において信託財産に関する受益権を所有する受益者とする。

上記契約の成立を証するため、本契約書２部を作成し、甲乙が各1部を保管する。

信託契約書は公文書なので、契約書を紛失しても再発行が可能です。

2024年○月□日

甲（委託者）

福岡県●●市□□ 4-5-6

猫田花子 （猫田）

両者とも実印が必要です。

乙（受託者）

福岡県□□市○○ 7-8-9

宮森夏美 （宮森）

その他の必要書類

- ☑ 委託者、受託者の印鑑登録証明書（発行から3ヶ月以内のもの）
- ☑ 委託者、受託者の戸籍謄本等
- ☑ 委託者、受託者の身分証明書
- ☑「うちの猫ノート」等、信託財産の資料

弁護士・行政書士を選ぶ

基本的にはどの弁護士や行政書士でも〈信託契約書〉は作れますが、本書監修の行政書士・磨田薫さんのようにペットに対する深い知識があったり、ペット関連の資格をもっていたり、〈ペット信託契約書〉の作成経験がある人だとさらに安心できます。

そのほか、こちらの話をきちんと聞いてわかりやすく説明してくれることも大切です。候補を数ヶ所探して〈ペット信託契約書〉を作るのに費用がいくらかかるか、期間はどれくらいでできるか確認して選びましょう。

〈信託契約〉の専用口座を作る

受託者名義の口座を新たに開設します。受託者がいままで使っていた口座ではなく、新たに開設する必要があります。そうでないと受託者

固有の財産とごっちゃになってしまいますし、猫の飼育のみに使う費用として管理するのが非常に難しくなってしまいます。

信託用に使う口座は「信託口《しんたくぐち》口座」といいます。名義は「委託者猫田花子　受託者宮森夏美信託口」などの形になります。

信託口口座には次のようなメリットもあります。万一、受託者が破産をすると財産は差し押さえられますが、信託用の口座は差し押さえを受けません。受託者の固有財産ではなく、預かっている財産だからです。**また万一、受託者が死亡した場合でも口座が凍結されません**。

このようなメリットのある信託口口座ですが、信託口口座を開ける銀行は限られていたり、事前に信託契約書案のチェックが必要だったり、開設に1ヶ月ほど日数がかかるなどのデメリットもあります。行政書士などの専門家に任せておけば問題ありませんが、日数に余裕をもって動いてください。

口座に入金する金額

受託者が施設や愛護団体の場合、あらかじめ口座に入金する金額が決められているか、相談によって決まります。受託者が家族や友人の場合、金額は任意になります。本書監修の行政書士・磨田薫さんがいままでに手掛けたケースでは50～150万円のことが多かったそう。猫の年齢や持病の有無などによっても金額が変わってくるでしょう。

➡P.20　愛猫にいくら残せばいい？

〈信託契約書〉といっしょに〈遺言書〉も作ろう

〈信託契約書〉があれば〈遺言書〉は必要ないかというと、やはりあったほうがいいです。理由は**遺族の混乱を防ぐため**です。猫を特定の人に託す旨や、そのために信託契約を結んだ旨、猫の飼育費用のこと、猫を心配する気持ちなどを〈遺言書〉に記しておきましょう。

これらの内容は遺言書で初めて知らせるのではなく、概要だけでも口頭で伝えておくのがベスト。そうでないと、猫の飼育費用ぶん遺産が減ることを知って驚いた遺族が、猫のお世話をしてくれる人を責める……なんていう事態が起きるかもしれません。そんな迷惑はかけたくないですよね。できることはすべてやっておきましょう。

また、財産に余裕があれば感謝のしるしとして**猫を託す人に財産の一部を渡す旨を遺言書に記してもよいでしょう**。猫のお世話にいっそう力を入れてくれるはずです。

➡ P.45　猫のための〈遺言書〉を作ろう

〈信託契約書〉を作ったけれど、自分で愛猫を看取った場合はどうなる？

セーフティネットとして〈信託契約書〉を作っておいたけれど、ほかの人に猫を託すことなく、自分で愛猫を看取ることができたというケースもあるでしょう。その場合はどうなるかというと、〈信託契約書〉は用済みになります。**専用の口座に入れておいたお金は自分のもとに戻すことができる**ので、支払ったのは契約書の作成費用のみという状態になります。契約はなくても大丈夫だったという結果になりますが、それは結果論。もしものときの安心料として無駄ではないでしょう。

ちなみに、**契約書で猫を複数形（P.62ミイちゃんたち等）にしておけば、多頭飼いの場合は別の猫にもこの契約が使えますし、次に飼育する猫にも使えます**。つまり、〈信託契約書〉は一度作っておけばずっと使えるシステムということ。猫を守るためのセーフティネットとして、これほど頼もしいものはほかにないでしょう。

Column

ペット信託で保護猫カフェに来たあずきちゃん

50代の相川さん（仮名）はあるとき職場の近くで三毛の子猫と出会いました。ヨロヨロと歩くその子猫を保護して動物病院に連れて行くと、子猫には先天的な骨の異常があることがわかりました。背骨の湾曲と漏斗胸《ろうときょう》（胸の中央で肋骨が陥没している状態）です。

相川さんは子猫をあずきちゃんと名づけ、家でお世話を始めました。あずきちゃんは骨の異常のせいでちょっぴりぎこちない歩き方でしたが、それ以外は元気いっぱい。高いところにもジャンプして飛び乗るし、相川さんが椅子に座るとすぐさま膝の上にダイブ。鳴きながらナデナデを要求する甘えん坊で、夜は必ず相川さんと同じベッドで眠るのが日課となりました。そんなあずきちゃんに相川さんは毎日癒やされ、仕事から帰るのが楽しみに。骨の異常が心配だったので半年に一度は病院で検査を受けながら、

パステル三毛のあずきちゃん。お目々も真ん丸の美猫。

大事に育てていました。

あずきちゃんと出会ってから3年後。相川さんに重篤な病気が見つかりました。「あずきを最期までお世話することはできないかもしれない」。そう考えた相川さんは、あずきちゃんを託せる場所を探し始めました。相川さんにはお兄さんがいましたが、闘病中で猫をお世話する余裕はなかったのです。

いろいろ探し回ってたどり着いたのが、福岡県にある里親募集型保護猫カフェＣａｆｅ Ｇａｔｔｏ《ガット》。ペット信託のしくみを日本で初めて形にした行政書士の磨田薫さん（本書監修）が経営している場所です。

相川さんは友人の佐藤さん（仮名）といっしょに何度もカフェに足を運び、お世話されてい

カフェには9つの部屋があり、あずきちゃんは「ラフランス組」に入居。ほかの猫とお昼寝することもあります。

る猫たちの様子を確認。磨田さんとも何度もお話をしました。そして、もしものときはここにあずきちゃんを託そうと決意。友人の佐藤さんに飼育費用を管理する受託者になってもらい、〈信託契約書〉を作成しました。専用口座には150万円を入金（Cafe Gattoの規定）。あわせて公正証書遺言も作り、佐藤さんにはお礼として財産の一部を遺贈する旨を記しました。

契約書を作ってから2年後。相川さんは自宅で最後の日々を過ごしていました。残された時間を病院ではなく自宅で過ごしたかったのです。何より、あずきちゃんがそばにいてくれることが相川さんの心の支えでした。ベッドで横になっている相川さんのそばで、いつもと変わらずゴロゴロと喉を鳴らし甘えるあずきちゃん。相川さんが息を引き取るその瞬間まで、あずきち

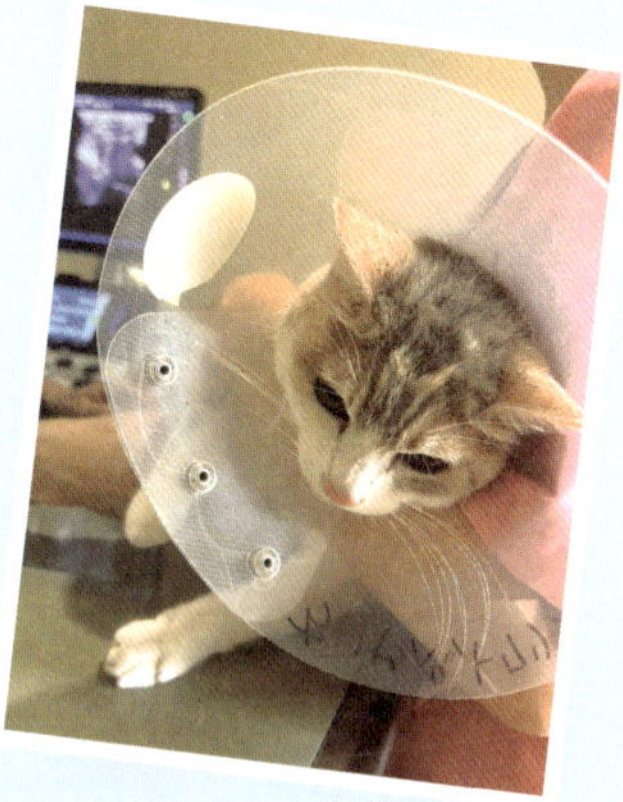

（上）いまも検査はちょくちょく受けています。（左）10歳の誕生日祝いにちゃおちゅ～るのごちそう。

ゃんはそばを離れませんでした。

相川さんが亡くなったあと、あらかじめ段取りを決めておいた通り佐藤さんがカフェに連絡。カフェスタッフがあずきちゃんをお迎えに行きました。相川さんのお兄さんは当初、自分がいるのに猫がよそへ行くことに戸惑っていましたが、遺言書にあった相川さんの言葉で納得することができました。

カフェに来た当初は緊張してシャーと威嚇していたあずきちゃんもいまでは新しい生活に慣れ、のんびりマイペースに過ごしています。里親募集もしていますがまだよいご縁がなく、10歳になったいまはカフェの看板猫のひとり。相川さんの友人佐藤さんも定期的にカフェを訪れ、あずきちゃんを見守っています。

※Cafe GattoについてはP.127をご覧ください。

Column

飼い主さんの入院で保護猫カフェに来たヤマトくん

黒猫のヤマトくんは街中にいた外猫でした。いつもコンビニのそばにひとりでいるヤマトくんを、近所の藤田さん（仮名）は気にかけていました。ボス猫のように大きな顔のヤマトくんでしたが体はガリガリ。ろくに食べられていないようだったのです。

コンビニで猫のおやつを買って差し出すと嬉しそうにたいらげるヤマトくん。いつしか、藤田さんはヤマトくんに会うのが楽しみになっていました。ヤマトくんも藤田さんを見つけるとそっと近寄ってきます。いつもの場所に行っても会えない日や悪天候の日には元気でいるか気がかりでなりません。それならばいっそ、と藤田さんはヤマトくんを家に迎えることを決意。ふたりの新しい生活が始まりました。

ヤマトくんと暮らし始めて一年も経たないこ

カフェ初日。ケージに入っているヤマトくんを先輩の黒猫がチェック。

人間が大好きなヤマトくん。隙あらば膝の上に乗ってきます。

ろ、藤田さんに癌が見つかりました。治療には長期入院が必要といいます。でもヤマトはどうすればいいのか……。藤田さんは離れて暮らす息子の亮太さん（仮名）に不安を打ち明けました。

藤田さんから病気のことを聞き動揺した亮太さんでしたが、自分がしっかりせねばと「猫のことは自分がなんとかするから、母さんは安心して入院して」と伝えます。しかし亮太さんの家はペット不可で猫を飼うことができません。姉の愛美さん（仮名）も同様です。里親を探すか？　いや、すぐには見つからないはず……。きっと何かほかに方法があるはずだと情報を探し続けました。

そしてたどり着いたのがＣａｆｅ Ｇａｔｔｏ。古民家でのんびり日向ぼっこをしている猫たちを見て、ここなら安心できるはずと亮太さんは確信しました。

ひと月後、ヤマトくんはカフェにお引越し。初日こそケージの中で少し不安そうにしていたヤマトくんでしたが、2日目からはケージの外に出たがり部屋を探索。近寄ってきた猫と鼻をくっつけて挨拶も交わしました。

数ヶ月後、体調が安定し病院から一時帰宅できた藤田さんは、亮太さんといっしょにカフェを訪れました。亮太さんに支えられながら藤田さんが部屋に入ると、ヤマトくんは藤田さんのそばへ。たくさんなでてもらい、満足気に目を細めるヤマトくん。ふたりにとって幸せなひとときでした。

「この子を路頭に迷わせることだけはしたくなかった。闘病中、この子の安心した姿を見られるだけでも勇気がもらえる。Ｇａｔｔｏさんがいてくれて本当によかった」。藤田さんは亮太さんにそう語りました。

それからまた数ヶ月。藤田さんは静かにこの世を去りました。息子の亮太さんや娘の愛美さんはいまもときどきカフェを訪れ、ヤマトくんを見守っています。

ほかの猫とベッドを共有。

3章

命のバトンタッチを成功させる

自分が倒れたらすぐに気づいてもらうシステムを作ろう

自分が倒れたときに猫を託せる相手が見つかったとして、「もしも」が起こる前にその相手に前もって愛猫を渡す人はそう多くはないでしょう。多くの人は自分が元気なうちはできるだけ愛猫といっしょに過ごしたいと考えると思います。

そうなると、**必要なのは「自分が倒れたとき、すぐに気づいてもらえるためのしくみ」**です。P.14でお伝えしたように、一人暮らしの人は自宅で人知れず倒れることもありますし、飼い主が入院して家に猫が取り残され、放っておかれてしまうということが起こりえます。一人暮らしでなくても、生活を別にしていれば、家族が知らないうちに倒れていたということもありえます。そういった「危険な放置時間」ができないよう、万一の事態に備えるには、自分が倒れたらだれかがそれに必ず気づいてくれるしくみ作り、猫を託す相手にちゃんと連絡が行くしくみ作りが必要です。**自分の命を守ることは、愛猫の命を守ることにつながります**。

自宅で人知れず倒れたとき気づいてもらうためには

一人暮らしの人が自分の安否を確認してもらうには、離れて暮らす家族や友人とこまめにメールやLINEをするという方法があります。しかし相手の都合もありますし毎日やりとりするのは難しいかもしれません。そういうときは民間の見守りサービスを利用しましょう。おもに**一人暮らしの高齢者向けの見守りサービス**があります。体調の急変を感じたときに緊急ボタンを押せば駆けつけてくれるサービスがALSOKやセコムにあります。室内で倒れていてもあらかじめ渡しておいた合鍵で入って救助してくれますし、登録しておいた緊急連絡先にも連絡してくれるので、猫を託す相手を登録しておけば、猫が放置されることがありません。

とはいえ、緊急ボタンを押す暇もなく倒れることも考えられますよね。そういうときのため**室内にセンサーを設置し、一定時間動きがないと異常と判断し駆けつけてくれるサービス**もあります。毎日使うはずの部屋の照明が一日中点かない、あるいは点けっぱなしのときに連絡が行くシステムなどもあります。

ほかに、お弁当の宅配時に様子を確認してもらえるサービスも。こういったサービスを楽しみながら利用するのもよいですよね。

一人暮らし向け 見守りサービス

**あなたが自宅で倒れてだれも気づいてくれなければ、
愛猫の命も危うくなります。
民間サービスを利用して、緊急事態に備えましょう。**

HOME ALSOK みまもりサポート

体調が悪いとき、緊急ボタンを押すとガードマンが自宅に駆けつけてくれます。トイレのドアにセンサーを設置し、一定時間ドアの開閉がなければ駆けつけるオプションサービスもあります。月額3,069円～（ゼロスタートプラン）。

セコム・ホームセキュリティ「親の見守りプラン」

廊下やトイレ前などの生活動線にセンサーを設置し、一定時間動きがないときはセコムが確認。握るだけで救急信号が送れるペンダント型ボタンも利用できます。専用アプリで生活リズムや活動量を家族に伝えることもできます。工事料金48,400円～、月額5,060円～、保証金20,000円。

郵便局のみまもりサービス

月に1回、郵便局員が自宅を訪問し、生活状況などを家族に写真つきで報告する「みまもり訪問サービス」（月額2,500円）や、電話による毎日の体調確認「みまもりでんわサービス」（月額1,070円～）があります。オプションで警備会社による「駆けつけサービス」（月額880円～/駆けつけ1回5,500円）もつけられます。

ヤマト運輸「クロネコ見守りサービス」

電球を利用

毎日使用する場所の照明をIoT電球「ハローライト」に交換。丸一日照明のオン・オフがないと指定した連絡先に通知。依頼すればヤマト運輸のスタッフが自宅を訪問してくれます。月額1,078円。

ZOJIRUSHI「みまもりほっとライン」

ポットを利用

ポットの使用履歴を指定の時間に登録先に通知。24時間または36時間ポットを使わない場合も通知してくれます。初期費用5,500円、月額3,300円。

コープ「お弁当宅配」

週3～5日、夕食用のお弁当を宅配。届けたときに異変があれば自治体への通報や、登録済みの家族に通知をする生協・地域があります。生協ごとに価格やサービス内容が異なります。

高齢者専門宅配弁当 宅配クック123

高齢者の健康に配慮したお弁当（1食577円～）を宅配。配達時はお弁当を手渡しし、様子をチェック。利用者に変化があった場合は家族やケアマネージャーなどの緊急連絡先へ連絡してくれます。1食から注文可能。

※費用は税込みです。
※2024年12月現在の情報です。リンク先の変更により二次元コードで情報が閲覧できない場合があります。

自治体の見守り制度を調べてみよう

日本は２００７年に超高齢社会を迎え、２０２３年には65歳以上の割合が人口の29%となりました。加えて、一人暮らしの高齢者も増えています。**２０２０年の一人暮らし世帯は38%、２０５０年には44%になる見通し**だそう。全体の半数近くです。65歳以上の一人暮らしの割合は２０２０年時点で男性16%、女性23%。未婚率の上昇等から２０５０年には男性26%、女性29%に増加すると予測されています。

一人暮らしや未婚がいけないわけではありません。結婚や暮らしの自由はあって然るべきです。ただ、一人暮らしの高齢者が社会から孤立したり、孤独死したりすることは避けるべきことであり、自治体としても防ぎたい案件です。そのため**多くの自治体が高齢者の見守りサービスを実施**しています。２０２２年の時点で95%の自治体が高齢者の見守り事業を行っており、そのなかには前ページのような民間の見守りサービスを無料または安価で受けられるところもあります。こうしたサービスを利用しない手はありません。

例えば東京都足立区では65歳以上の独居世帯または高齢者のみの世帯は「緊急通報システム」

が無料で利用できます。ペンダント型の通報装置や人感センサーを使って緊急時は委託業者が自宅に駆けつけてくれるシステムです。北海道亀田郡七飯町では多機能センサーによる見守り機器を無料で貸し出し。遠くにいる親戚や知人でもスマホやパソコンで安否を確認できるシステムです。

ほかに、**自分で選んだ見守りサービスの費用を助成してくれる自治体もあります**。東京都葛飾区では65歳以上の独居世帯や高齢者のみの世帯、日中や夜間に一人になる高齢者に対し、初期設置費用またははじめの1ヶ月の使用料の9割を助成してくれます（上限1万5000円）。兵庫県たつの市では市が指定する見守り機器購入費用の一部を助成（上限3万円）。お住まいの自治体がどういう制度を取り入れているかぜひ調べてみましょう。

出典：内閣府「令和5年版高齢社会白書」、国立社会保障·人口問題研究所ＨＰ、厚生労働省認知症施策・地域介護推進課資料、各市町村ＨＰ。2024年12月現在の情報です。

地域担当の民生委員さんとつながっておこう

民生委員とは厚生労働大臣から委嘱された非常勤の地方公務員のこと。地域の見守りや相談、支援、地域福祉活動をボランティアで行ってくれる人たちで、その地域に住む「身近な相談役」です。一人暮らしの高齢者や高齢者だけの世帯など万一のときに不安のある人は地域の民生委員に相談してみましょう。**各自治体の福祉担当窓口に問い合わせれば、地域担当の民生委員の名前と連絡先を教えてくれます**。自治体によっては広報誌やホームページに民生委員の一覧表が掲載されているところもあります（名前だけで連絡先は載っていないので、連絡先を知るに

は問い合わせが必要です)。

民生委員は関係機関と連携して住人の生活をサポートするのが仕事。P.82のような自治体の見守り制度も民生委員なら詳しく教えてくれるでしょうし、面倒な手続きも手助けしてくれるでしょう。自治体によっては一人暮らしの高齢者宅へ定期的に見守り訪問を行ったり、民間の見守りサービスを利用するときの緊急連絡先になってくれたりするところもあります。家族はいるけれど遠方に住んでいるなどの場合、強い味方になってくれるでしょう。

離れて住んでいる高齢の親や親戚を見守りたいときも、民生委員と連携しておくと安心です。親の住んでいる自治体の福祉担当窓口に問い合わせて、その地区の民生委員の連絡先を教えてもらいましょう。電話だけでなく、実家に帰ったときに顔を合わせておくと安心です。

ちなみに**民生委員には守秘義務があるので、家庭の内情などの秘密はもれません**。遠くの家族より近くの他人ではありませんが、頼らない手はないのです。

地域包括支援センター

高齢者に関する問題の総合相談窓口。保健師・社会福祉士・主任介護支援専門員（ケアマネージャー）などの専門職が在籍し、介護や健康などの悩みについて支援。対象地域に住んでいる65歳以上の高齢者や、その支援活動に関わっている人が利用できます。相談は無料。民生委員と連携して高齢者の生活を支える機関です。

緊急連絡カードをつねに携帯＆部屋に貼っておく

左ページのような緊急連絡カードをつねに携帯しておきましょう。財布などに入れて持ち歩けば、**出先で事故に遭い意識がなくなったときなどにだれかが緊急連絡先に連絡してくれます**。緊急連絡先は、もちろん猫を託す相手。「もしものときはあなたに連絡が行くようにしておく」とあらかじめ伝えておけば、その人が猫を助けるために動いてくれるでしょう。

緊急連絡先は1ヶ所でなくてかまいません。すぐに連絡がつかない場合もありますし、いざというときの命綱は何本もあったほうが安心です。近所に住む親戚や友人など、あなたと愛猫を救うために動いてくれる人なら何人でも書いておきましょう。

カードは携帯用にコンパクトなサイズのものが適していますが、**自宅の目立つところには拡大したものを貼っておくと◎**。自宅で倒れたときに、あなたを救出しに来た人が必ず目にすることができる場所に貼ってください。猫が脱走しないよう玄関ドアや窓の開閉に注意してほしいことも書き添えましょう。

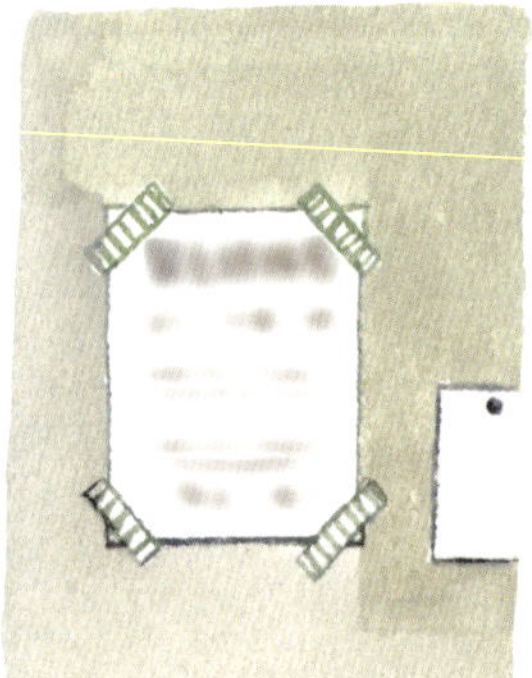

緊急連絡カードの記入例

カードは市販されている商品もありますし、自作してもOKです。
自作する場合は丈夫な紙を使い、
ラミネート加工などをすると安心です。

表

緊急連絡カード

私には大事な猫がいます。もし私の身に何かありましたら
裏面の緊急連絡先まで連絡をお願いします。

飼い主氏名	猫田花子
電話番号	024-000-00XX　090-0000-00XX
住所	福岡県●●市□□ 4-5-6
かかりつけ動物病院	△△動物病院　024-XX00-0000

裏

緊急連絡先

以下の連絡先に、連絡をお願いします。
（事前に了承を取っています）

氏名	猫田菜々	私との関係	妹
電話番号	024-000-00XX　080-0000-00XX		
住所	福岡県□□市○○ 7-8-9		
	フジオカハイツ 701		

スマホアプリを活用しよう

スマホユーザーなら、自分の安否を知らせるのにスマホを活用しない手はありません。**自分の位置情報を家族や猫を託す相手と共有できるアプリ**は、万一、外出先で倒れたときに役に立つでしょう。こうしたアプリには無料で使えるものもたくさん。万一のときの保険として導入してみてはいかがでしょうか。

スマホのロック解除や充電の有無、スマホを携帯した状態での歩数などを連絡先に通知してくれるアプリもあります。**一日中スマホを触っていなかったり、歩いていなかったりしたときに何か異変があった**と気づいてもらうきっかけ

ピースサイン

毎日決めた時間に「体調はいかがですか？」のメッセージがスマホに届きタッチで回答、結果を離れて暮らす家族などのスマホに送る見守りアプリです。未回答の場合は見守られる人の位置情報を地図アプリで確認することも可能。月額500円。

Download on the App Store
Google Play で手に入れよう

になります。

自分の親や高齢の親戚などを見守りたい場合、スマホを持っていなかったり持っていてもアプリの操作は苦手という場合があるかもしれません。そんなときも大丈夫。はじめにアプリをインストールして設定するだけで、あとは本人は一切操作しなくていいものがあります。インストールや設定は本人のスマホを借りてあなたがやってあげましょう。

相手がスマホを持っていない場合、はじめに専用機器を本人の自宅に設置しておけば、本人が問題なく生活しているかをあなたがアプリで確認できるものがあります。専用機器自体に通信機能がついているのでネット回線がない家でも利用できます。

ファミリーネットワークサービス

SMBCファミリーワークス（三井住友銀行100％子会社）が提供する、家族と使うコミュニケーションアプリ。GPSなどによる位置情報や歩数などのデータを家族と共有できます。また、三井住友銀行の口座から設定以上の出金があったときに家族にプッシュ通知でお知らせ。不正な動きの早期発見につながります。ベーシックプランは無料、プレミアムプランは月額500円。

Download on the App Store
Google Play で手に入れよう

※費用は税込みです。
※2024年12月現在の情報です。リンク先の変更により二次元コードで情報が閲覧できない場合があります。

みまもるん

初期設定だけで済み、毎日アプリを開く必要もない手軽さが特徴。スマホを長時間操作していない、充電やロック解除がされていない、位置情報が変わっていないなどのときに、登録した連絡先にメールや電話、ショートメッセージで知らせます。月額300円。App Storeのみの取り扱いです。

つなまも

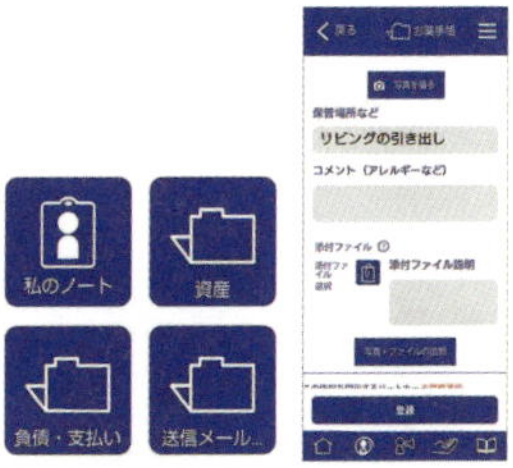

設定期間中一度もスマホが使われないと本人に確認の通知が届き、それに反応がない場合、連絡先に確認通知依頼を発信。さらにエンディングノートが作れるのが特徴で、作ったデータはクラウドサーバーに保管。データを開示する人を指定できます。無料版と機能が拡大した有料版（月額450円）があります。

EnrichのLINE見守りサービス

LINEで友だち追加するだけでOK。定期的にメッセージが来てOKボタンを押すことで安否確認。24時間以内にOKが押されない場合メッセージを再送。それでも3時間反応がないと利用者本人とあらかじめ登録した緊急連絡先に電話が来ます。無料で利用可。グループ参加者どうしで安否確認できる「つながりサービス」は月額550円。

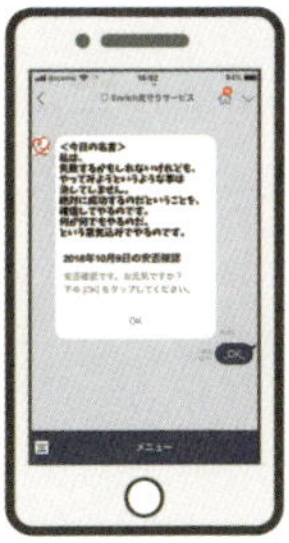

公式HP

孤独死防止アプリ「リンクプラス」

毎日アプリから通知が届き、その通知に反応しない場合は緊急連絡先に通知が行くシステム。連絡先は3つまで登録できます。無料で利用可。App Storeのみの取り扱いです。

Download on the App Store

元気かな？ —家族をつなげる見守り歩数計

歩数や気分を共有するアプリ。歩いていないことで異変に気づいてもらうことができます。GPSで現在地の共有も可能。歩数の記録で健康管理もできます。無料で使用可。

Download on the App Store　Google Play で手に入れよう

みるモニ

専用の機器をテレビと接続することで、テレビのオン・オフ状況を通知。人感センサーで人の動きも感知します。見守る側から送ったメッセージをテレビ画面に表示することができるので、スマホを持っていない高齢者の見守りにおすすめ。ネット回線がなくても使用できます。月額2,860円。

Download on the App Store　Google Play で手に入れよう

※費用は税込みです。
※2024年12月現在の情報です。リンク先の変更により二次元コードで情報が閲覧できない場合があります。

玄関の鍵を開けてもらう方法を考えておく

あなたが自宅で倒れた場合も、外出先で倒れて家に猫だけが取り残された場合も、施錠されている玄関の鍵を開けてもらう必要があります。自宅で人が倒れている可能性が高い場合、緊急事態のため**消防隊が窓を割って中に入ることがありますが、そうすると猫が窓から脱走するリスクが高くなってしまいます**。せっかく猫を託せる人を見つけられても当の猫が行方不明になってしまっては努力が水の泡ですし、何より猫が危険です。こうした事態を避けるためにも、万一のときは玄関の鍵を開けて入ってもらう必要があります。

一番いいのは**近所に暮らす親戚や友人で信頼できる人や、猫を託す相手などに合鍵を預けておく**こと。合鍵を渡すことに抵抗がある人もいると思いますが、猫の命がかかっています。飼い主が外出先で倒れて自宅に取り残され、室内で飢え死にする猫もいます。また、あなたが室内で倒れた場合も合鍵によって救出が早く行えれば命が取り留められたり、いったんは入院などしても回復を早められる可能性が高くなります。そうすれば愛猫とまた自宅でいっしょに暮らす日が迎えられます。本来は安全を守るための鍵が外からの救出を妨げるものとなってしま

っては悔やんでも悔やみ切れません。元気なうちに準備しておきましょう。

合鍵を渡した相手にはしっかりと管理してもらうよう頼み、万一のときには連絡が行くよう緊急連絡先にしてあることを伝えておきましょう。そして**合鍵を渡した人の連絡先はエンディングノート（P.44）に記しておきましょう**。あなたが亡くなったとき、遺族が連絡を取ることができます。

賃貸物件に住んでいる場合、本人が室内で倒れていれば大家さんや管理会社が鍵を開けてくれます。しかし本人は入院していて猫だけが取り残されている場合、すんなりと鍵を開けてもらうことはできないかもしれません。やはり事前に合鍵を渡しておくことが必要です。

玄関を暗証番号式の鍵にしておくのも手です。

暗証番号式は防犯の面で不安な人もいると思いますが、暗証番号を変更できるタイプなら定期的に番号を変更することでリスクを減らせます（もちろん、その都度関係者に知らせる必要があります）。番号の入力ミスを数回くり返すとロックがかかって操作が行えなくなったり警報が鳴ったりする製品もあります。鍵穴がないのでピッキング被害に遭いにくい、オートロックなので鍵のかけ忘れがないというメリットもあります。ヘルパーさんや家事代行業者など自宅に出入りする人がいる場合も便利です。

愛の合鍵預かり事業

北海道石狩市や苫小牧市、愛知県安城市、大阪府寝屋川市などでは高齢や障害、病気などで自宅での生活に不安を感じている人が安心して生活できるよう、自宅の鍵を社会福祉協議会が預かる事業を行っています（2024年12月現在）。ポストに郵便物が溜まっている、洗濯物が何日も干しっぱなしなど周囲が異変を感じたときに合鍵を使って安否を確認してもらえます。

鍵を預かる事業を行っている自治体はまだ限られていますが、地域の社会福祉協議会に相談してみるのもよいでしょう。ニーズを届ければ、自治体が制度の導入を検討するきっかけになるかもしれません。

愛猫を託す人には猫に会いに来てもらう

愛猫を託す人には一度自宅に来てもらい、猫に会ってもらいましょう。一度も見たことのない猫を世話するというのは相手にとってもリアリティーがありません。お客さんは苦手ですぐ隠れてしまう猫でもいいのです。ひと目だけでも会ったことがある猫とそうでない猫とでは心構えが違ってきます。それに、あなたが倒れたときにその人が猫を迎えに来てくれるとして、勝手がわからない部屋で知らない猫を探すというのは大変なことです。「ここによく隠れるんだな」ということがわかるだけでも収穫です。

また、あなたが倒れたあとしばらくは、その人が通いで猫のお世話をすることも考えられます。新しく猫を迎えるにはそれなりの準備と時間が必要だからです。そのときのために、**自宅での猫のお世話のしかたをひと通り伝えておくとよいでしょう**。フードやトイレ砂のありか、ゴミ出しのルール、エアコンや電灯のつけ方、猫がよくいる場所などなど……。いわゆるペットシッターさんに伝えることすべてです。口頭で伝えても覚えきれないので、メモを渡しながら説明します。実際にフードを盛ったり猫のトイレを掃除したりしながら説明するとわかりやすいでしょう。

猫を託す人に伝えておくこと

☑ **玄関の開け方**
猫が玄関から出てしまう恐れがある場合は、その防ぎ方も伝えます

☑ **キャットフードのありか、与える量・回数・時間**
フードの量り方や皿の置き場所も伝えます

☑ **トイレ砂のありか**

☑ **掃除グッズのありか**

☑ **電灯のつけ方**
念のためブレーカーの場所も教えておくと◎。
人用トイレのスイッチの場所も伝えておきます

☑ **エアコンのつけ方**
夏場・冬場はエアコンや暖房器具が必須です

☑ **ゴミの出し方**
ゴミ袋のありか、ゴミの回収日、回収場所、分別のしかたなど

☑ **猫がよくいる場所、隠れる場所**

☑ **「うちの猫ノート」のありか**

➡ P.40 「うちの猫ノート」に愛猫のデータをまとめよう

猫を託す人がすぐに駆けつけられない場合

あなたが倒れたとき、猫を託す人にちゃんと連絡が行ったとして、相手が遠方だったり、多忙だったりして猫を迎えに来られるのは数日先……ということもあると思います。その間にも猫は飢えと渇きに苦しみ、不安でいっぱいになってしまうでしょう。そんな思いをさせるわけにはいかないので、**その間だけお世話をしてくれる人が必要**です。近くに住む親戚や友人のなかで「猫の面倒をずっと見ることはできないけれど、一時的なら協力できる」という人はいないでしょうか。見つかったらその人にも合鍵を渡し、いざというときは猫のお世話をお願いできるよう準備しておきます。P.96にあるように自宅にも来てもらって猫のお世話のしかたを伝えましょう。

すぐに駆けつけてくれる人が見つからない場合は、猫を託す人にあらかじめ**「すぐに駆けつけられないときはペットシッターを使ってほしい」と伝えましょう**。あらかじめあなたが選んでおいたペットシッターさんの連絡先を伝えておき、その人に頼んでもらうのがベスト。ただ、緊急時ですからほかのシッターさんでもかまいません。

3章

命のバトンタッチを成功させる

シッターさんが自宅に入るためには合鍵が必要ですが、緊急で頼んだシッターさんに合鍵を受け渡すのはなかなか難しそうですよね。そういうとき**玄関の鍵が暗証番号式なら問題なし**。猫を託す人にあらかじめ暗証番号を伝えておき、その人からシッターさんに伝えてもらえばいいのです。すぐに駆けつけてくれる人が見つからない人は、暗証番号式の鍵を検討する必要があるでしょう。

あなたが一時的な入院などで自宅に帰って来られる場合は、通いで猫のお世話をしてもらえば済みます。ですが今後自宅に帰って来られるかわからない場合、**一時的に猫のお世話をしてくれる人と、今後ずっと面倒を見てくれる人、両者の連携が必要です**。一時的に協力してくれる親戚や友人には、「猫を託すのはこの人だからね」と、連絡先を渡しておきましょう。猫を託す相手にも「緊急時は近所のこの人が一時的に猫のお世話をしてくれる」と連絡先を渡しておきます（もちろん両者の同意が必要です）。両者に互いの連絡先を伝えておけば、うまくバトンタッチしてくれるでしょう。

携帯する「緊急連絡カード」や室内に貼る「緊急連絡ポスター」にも、両者の連絡先を記しておきましょう。

➡ P.86　緊急連絡カードをつねに携帯＆部屋に貼っておく
➡ P.92　玄関の鍵を開けてもらう方法を考えておく

ペットシッターを利用してみよう

もしものときにペットシッターを利用することがあるかもしれません。そんなときのために、信頼できるペットシッターをあらかじめ見つけておくと安心です。複数のシッターが在籍している会社もありますが、気に入っていた人が退職してしまうこともあるため、個人のシッターのほうがいいかもしれません。

料金はさまざまですが30分3,000円が目安。インターネットなどでめぼしいところを見つけたら、まずは自宅に来てもらい打ち合わせをします。そのときに人となりや猫に詳しいかどうかをチェックしてください。よいなと思ったら後日、実際に利用してみて総合的に判断しましょう。

信頼できるペットシッターに出会えたら、猫を託す相手にそのペットシッターの連絡先を伝えておきましょう。万一のとき、愛猫の世話の経験がある人にお願いできると安心です。

なかには動物介護士の資格をもつシッターもいます。高齢猫や持病のある猫のお世話の強い味方になってくれるでしょう。

新居へ移動するときの猫の捕まえ方を考えておく

あなたが倒れたあと、猫を任せる人があなたの家へ入って、猫を保護して今後のお世話場所に連れて行くことになります。愛猫がだれにでも警戒心がなく、キャリーバッグにもすぐ入ってくれる子であれば問題ありませんが、なじみのない人は怖がったり、抱っこを嫌がったり、キャリーバッグを見ると逃げるような猫の場合、捕まえられずに苦労するかもしれません。猫の扱いに長けた人であればそういった猫でも捕まえられますが、そうでない人に怖がりの猫を捕まえてもらう場合、「どのように捕まえてもらうか」考えておいたほうがよいでしょう。

キャリーの中を気に入ってもらう

ふだんからキャリーを部屋に出しておき、ハウスとして使わせると◎。猫が中に入っているときに扉を閉めるのが一番簡単な捕まえ方です。愛猫のにおいがついた毛布やおやつ、おもちゃを中に入れて誘ってみましょう。

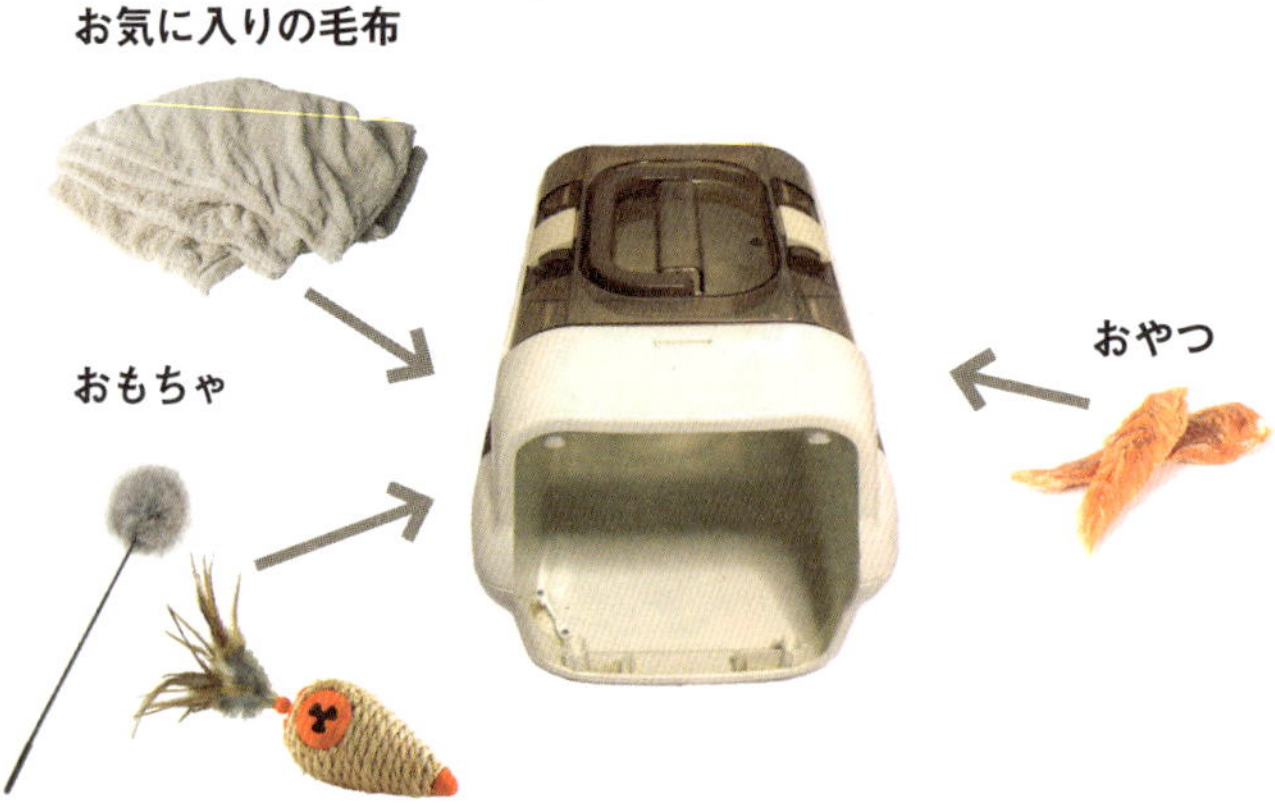

まずは愛猫をキャリーバッグに慣らす方法を試しましょう。動物病院に行くときだけキャリーバッグを出していると、「キャリーバッグ＝嫌なこと」と結びついて嫌がるようになるので、ふだんからキャリーバッグは室内に出しておき、猫用のハウスとして使わせるとよいでしょう。中にお気に入りの毛布を敷いたり好きなおやつを置いたりして、キャリーによいイメージをつけると◎。ベッドの下など猫がよく隠れる場所があればそこにキャリーを置くと、お気に入りの隠れ家になるかもしれません。**猫がキャリーに入っているときにキャリーの扉をパタンと閉めるのが一番楽な捕まえ方です**。

この捕まえ方ができない場合、多少無理にでも捕まえるしかありません。まずは猫のいる部

屋を閉め切ります。広い空間を追いかけ回さないで済むようにです。外に脱走してしまったら大変ですから窓や玄関の鍵も確かめましょう。

シャーシャー威嚇しても咬んだり引っかいたりしてこない猫の場合、バスタオルや毛布で包んでキャリーバッグに入れる方法があります。このときの**コツは猫の頭をすっぽり覆うこと**。怖がる猫も視界が暗くなるとおとなしくなることが多いからです。

咬んだり引っかいたりしてくる猫でも動物病院で使うような分厚い革のロンググローブがあれば無理やり捕まえることが可能ですが、猫に相当慣れている人でないと難しいですし反撃されてケガをすることもあります。**手で捕まえるのが難しい猫の場合、猫用の捕獲器で捕まえるのがベストです**。猫用捕獲器は奥行きのある箱

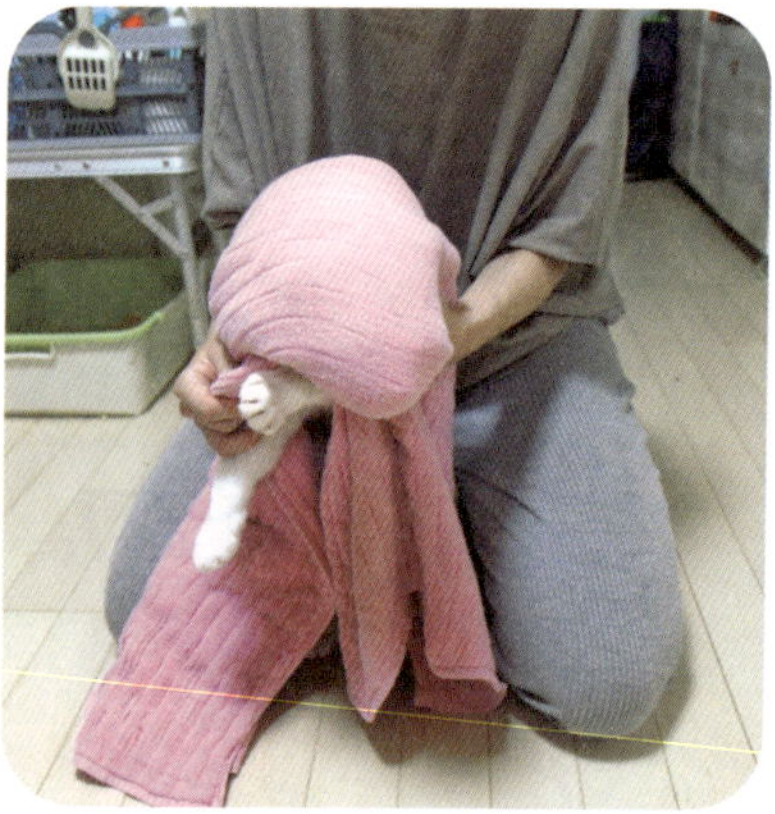

バスタオルや大きい布で猫の頭を覆う

まず猫の頭を覆うとおとなしくなって捕まえやすくなります。

革製のロンググローブがあればケガを防げる

動物病院で使うような厚手のグローブがあれば、猫が暴れても深い傷を負わずに済みます。

型で、奥にキャットフードを置き、猫がそのフードを食べるために中に入り奥の踏み台を踏むと入口の扉が閉まるというしかけになっています。猫用捕獲器は自治体の保健所で借りることができます。多くの保健所では外猫の避妊・去勢手術を推進するため捕獲器の貸し出しを行っているからです。室内で飼い猫を捕まえるために捕獲器を使うのはレアケースですが、事情を話せば貸してくれるところが多いと思います。もしくは、近所の愛護団体や猫のボランティアさんに連絡を取り、捕獲器を貸してもらえないか聞いてみてもいいでしょう。

捕獲器にはレンジで軽く温めたフードを入れると◎。においが強くなって猫を惹きつけやすくなります。警戒心の強い猫は人がそばにいると捕獲器に近づかないので、いったん部屋を離れて数時間後に確認するという方法もいいでし

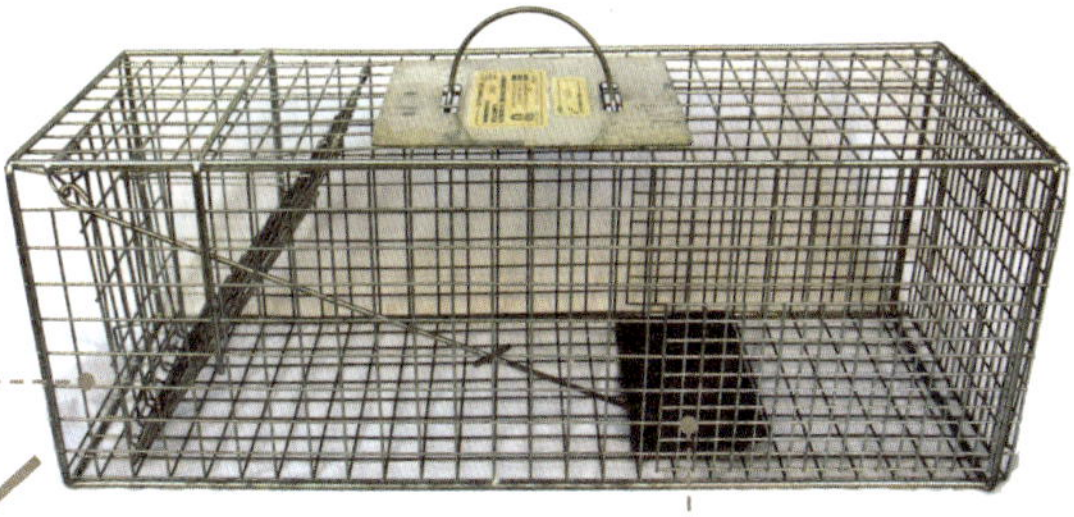

特殊な仕組みで中から扉は開けられません。

奥に入れたフード目当てに猫が入り、踏み台を踏むと入口が閉まるしかけ。

猫が入ったらまわりを覆う

布や新聞紙でまわりを覆えばほとんどの猫はおとなしくなります。

手で捕まえられない猫は捕獲器を使う

保健所や愛護団体から捕獲器を借りて捕まえる方法があります。使い方も教わりましょう。

ょう。捕獲器の中以外はフードを置かないこと。猫はフード目当てで捕獲器に入るからです。

猫が無事に捕獲器に入ったらまわりを新聞紙や布などでくるみます。まわりが見えないほうが猫が落ち着くことができます。そしてその状態で新居まで移動。捕獲器からキャリーに移し替えようとすると逃げられるかもしれないので、新居まで捕獲器は開けないほうが安全です。移動中、猫が怖がって中でオシッコをしてしまうかもしれないので、捕獲器の下にペットシーツを敷くと◎。また新居までの移動手段は車のほうが安心です。道中、猫がオシッコをしたり鳴いたりするかもしれないからです。

猫をキャリーバッグに入れて移動する場合も同様で、可能なら底にペットシーツを敷きます。また扉が透明だったり、柵の間から外が見えた

新居に持って行ってもらうモノ

愛猫の愛用品

自分のにおいがするものがあると、新しい場所でも少しは落ち着くことができます。ベッドや毛布などを持って行ってもらうとよいでしょう。

トイレに入っている砂

使っていたトイレ砂をひと握りほど持って行き新居のトイレに入れてもらえば、新しいトイレを使うようになる確率が高まります。

うちの猫ノート

その猫に関する貴重な情報源です。必ず持って行ってもらいましょう。

りするキャリーの場合、まわりを布で覆ってあげると◎。移動中に見知らぬ景色が次々と見えるのは猫にとってはストレスです。

猫のベッドや毛布など、**猫の愛用品も猫といっしょに持って行ってもらいましょう**。新居でも使ってもらえばなじみのにおいがするので猫のストレスをやわらげることができます。いままで使っていたトイレ砂も少し持って行き新しいトイレに入れてもらえば、新しいトイレを使うようになる確率が高まります。

用心深い猫はおなかが空いてもなかなか捕獲器に入らないですし、**猫を捕まえられるまで数日かかることも考えられます**。その間は通いでお世話をする必要があるので、自宅でのお世話方法を伝えておくことはやはり必要です。

かかりつけ獣医師にも知らせておこう

猫の所有者が変わる可能性があることをかかりつけの獣医師にも伝えておきましょう。その際、猫を託す人の名前も伝えておけば、その人が同じ動物病院に行ったときスムーズに受診することができるでしょう。病院の診察券もあればなおよしです。

猫を託す人の都合で同じ病院に通えない場合も、カルテの共有が必要になることがあります。その際、問い合わせに対応してもらえるかどうか、かかりつけの獣医師に確認しておきましょう。

➡ P.96 愛猫を託す人には猫に会いに来てもらう

弁護士や行政書士と「見守り契約」を結ぶ方法もある

ペットのための〈信託契約書〉(P.56)を作る際には弁護士や行政書士など法律の専門家に頼むことになりますが、じつはこの**弁護士や行政書士に「自分を見守る」仕事も頼むことができます**。〈信託契約書〉は自分が要介護状態になったときに効力を発揮するものですが、あなたがその状態になったことにだれかが気づかないと意味がありません。それをフォローするため、**定期的に電話や訪問で契約者の健康状態を把握する**というサービスがあるのです。もちろん有料ですが病院などの外出につき添ってくれたり、緊急時に連絡すれば駆けつけてくれるサ

ービスもあるので、一人暮らしの人や親族と疎遠になっている人にはとくにおすすめです。

見守り契約を結ぶ相手とは長いつき合いになることも考えられますから、面談をして信頼できる人を選びましょう。費用は行政書士の場合、最初に数万円、その後は月単位で数千円～2万円くらいのところが多いようです。

万一のときは信託契約を結んだ相手にすぐ連絡してくれるので安心です。また、もし猫を託す相手がすぐに猫を救助しに来られない場合、その間はペットシッターを利用するよう見守り契約先に頼んでおけば、空白の時間ができません。緊急連絡カードの連絡先に見守り契約先を加えておいたり、ホームセキュリティサービスの緊急連絡先としても登録しておけば、猫のためのセーフティネットは万全でしょう。

弁護士や行政書士にお願いできることはほかにもある

愛猫は〈ペット信託〉と「見守り契約」があれば守れるはず。ただ、自分のことはどうでしょうか。例えば「任意後見契約」を結んでおけば認知症になったときに弁護士や行政書士があなたに代わって生活や看護、財産に関する事務を行ってくれます。「死後事務委任契約」を結んでおけば死亡届の提出や病院への支払い、公共料金の解約などの手続きを行ってくれます。身近に頼れる人がいなくてもこうした契約で先の不安が解消されます。いざというときの備えがあれば、心穏やかに過ごせることでしょう。

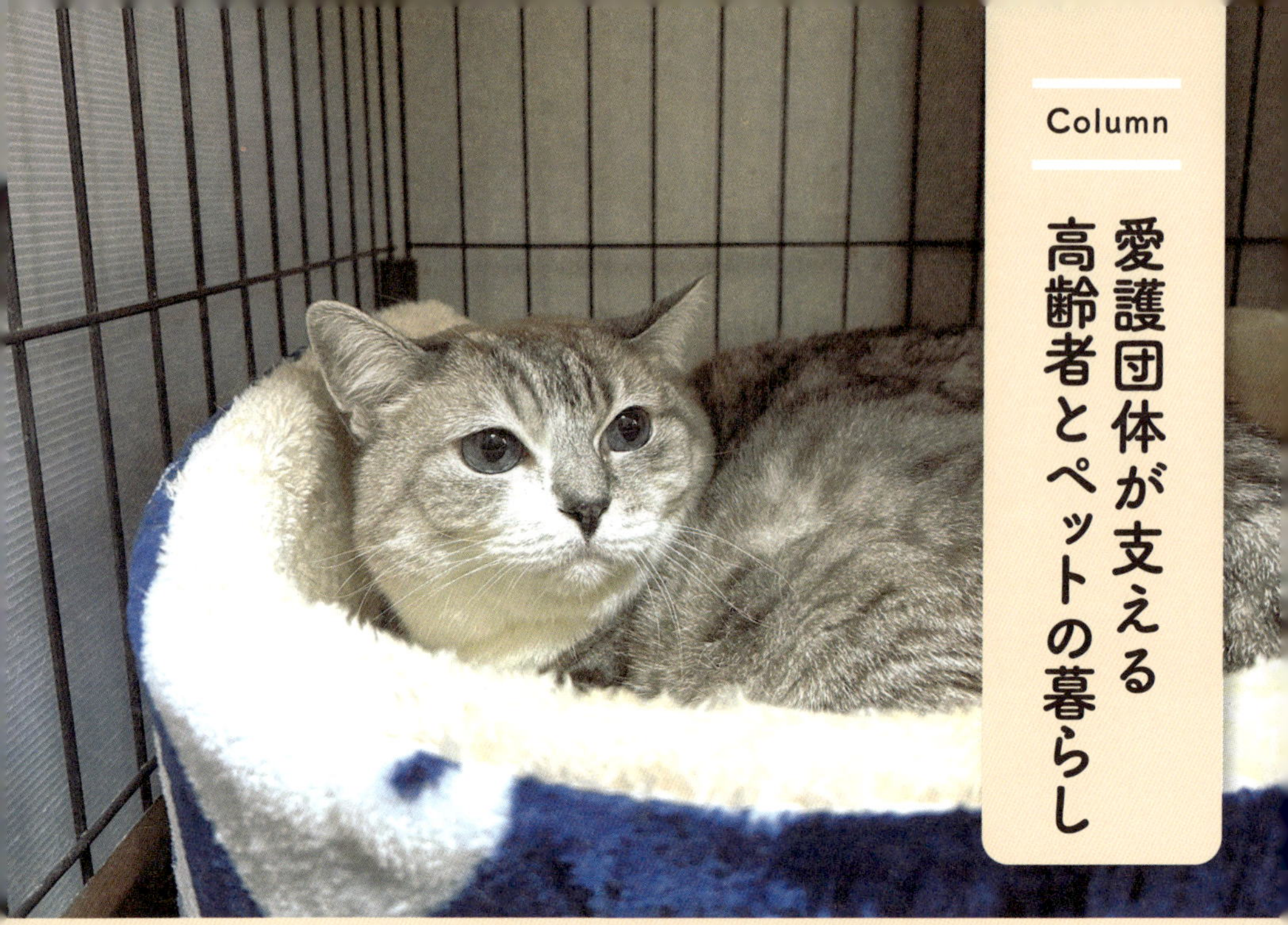

Column

愛護団体が支える高齢者とペットの暮らし

兵庫県尼崎市のNPO法人C・O・Nは高齢の飼い主を見守る活動を2020年から始めています。体が不自由でペットのお世話が難しくなった高齢者の自宅を定期的に訪問し、ペットの世話を代行したり、フードやトイレ砂などの買い物を代行したりしています。日頃から飼い主さんとやりとりして健康状態を把握しつつ、もしものときはペットをどうしたいかヒアリング。万一、飼い主が飼い続けられなくなったときには別の愛護団体と連携して猫の緊急保護も行っています。

C・O・Nが支援しているのは身近に頼る人がおらず、経済面でも余裕がない高齢の飼い主さんばかり。周囲とのつながりはほとんどなく、猫とふたりだけで生きている。そんな高齢者さんが多いといいます。

「皆さん、無責任というわけではないんです

高齢者さんの家を訪ね、猫の食事の準備やトイレ掃除、爪切りやブラッシングなどを代行します。

……。むしろペットをとてもかわいがっていて生きる支えにしている。ペットのほうもとても懐いていて、お互いがお互いを必要としている。なかにはご自身の病気で手術や入院が必要なのに『猫を置いて入院できない』と持病を悪化させている飼い主さんもいます。『その間は私たちが代わりにお世話をするから』と説得して入院してもらうんですが、皆さん、『またあの子と暮らすんや』とリハビリを頑張ってくれます」

そう語るのは理事長の三田さん。飼い主さんが入院中の猫はやはり寂しそうで、スタッフが玄関ドアを開けるたびに待っていた飼い主さんではなくてがっかりしている気がするといいます。一方、飼い主さんが退院して再会できたときの猫はそれは嬉しそう。長年いっしょに暮らしてきた仲だけの絆を感じるといいます。放っておけば共倒れになるかもしれない高齢者とそのペット。C・O・Nの支援があるからこそ、両者の命が守れています。

C・O・Nがこの活動を始めたきっかけは、ある高齢者の介護を担当するケアマネージャーさんからの相談でした。内容は以下の通り。

「そのおじいさんにとって、14年間いっしょに暮らしてきたキャサリンという猫は家族以上の存在で、もし離れればなれになれば生きる気力も失うと思います。病気のせいで猫の世話も難しくなってきましたが、できる限り長くいっしょにいさせてあげたいのです。そのために力を貸してくれませんか?」

人の介護は介護保険料によって1~3割の自己負担で利用できます。ただし介護員がやってあげられるのはあくまで人の介護のみ。その人がペットの世話ができずに困っていても、法の縛りがあって手助けしてあげることができません。そんな事情からC・O・Nに相談が寄せられたのです。

アパートで一人暮らしする70代男性のMさんは、持病で体じゅうが痛みに襲われていてしゃがむ姿勢を取ることができず、猫のトイレ掃除や水の交換などができなくなっている状態でした。具合の悪いMさんを気遣うように猫のキャサリンは片時もそばを離れません。

C・O・NはMさん宅に通ってキャサリンのお世話支援を始めました。Mさんは体は不自由ながらも冗談をいってスタッフを笑わせるような人柄。ときに体調が悪化して入退院をくり返しつつも、その都度復活してきました。入院中はキャサリンの写真を看護師さんたちに見せて「アイドル並みやろ」と自慢。「キャサリンといっしょに棺桶に入るんや」。それがMさんの口

飼い主のそばを離れないキャサリン。
写真／児玉小枝

癖でした。

スタッフがMさん宅に通い始めて3年弱。Mさんはこの世を去りました。ケアマネージャーさんは「キャサリンといっしょに棺桶に入るってゆうたやん」と泣きながらMさんの棺にキャサリンの写真を納めました。

キャサリンはいま、C.O.N連携の愛護団体のシェルターにいます。しばらくはとても寂しそうでしたが、穏やかに暮らしているそうです。


キャサリンとMさんからは大事なことを教えてもらったと理事長の三田さんは語ります。

「『ペットは飼い主の責任』なのは間違いありませんが、ときに『ペットは飼い主の責任だから手助けはしない』と同義になってしまいます。それでは救われない犬猫たちがたくさんいます。例えばある80代の女性が飼っている猫は、もともとは自宅の庭で生まれた野良猫です。動物愛護センターに電話したら『殺処分になるかもしれない』といわれて、それはかわいそうとお世話し始めたんです。これを『最期までお世話しないのは無責任』と責められるでしょうか」

たしかに猫との暮らしは予想外に始まることがあります。動物に優しい人ほど、こうした外猫を放っておけません。経済的に余裕がなくても、高齢でも、自分がお世話しなければ死ぬかもしれない。そう考えて命を救った人をだれが責められるでしょう。

社会的弱者である身寄りのない高齢者が、さらに社会的弱者である外猫に手を差し伸べる。それをサポートできる人や場所がもっと必要ではないかと三田さんは語ります。もちろん、はじめから「愛護団体がなんとかしてくれる」という考えではいけないでしょう。愛護団体がサ

人もペットも、安心して暮らせるように
もしもに備えるチェックシート

氏名		住所	
年齢		電話	
紹介者	事業所名　電話　氏名　（職種　）		

	ペットの種類	年齢	不妊去勢手術	狂犬病予防
1匹	犬・猫・他（　）		済・未	済・未
2匹	犬・猫・他（　）		済・未	済・未
3匹	犬・猫・他（　）		済・未	済・未
4匹以上飼育の場合→合計頭数は？	犬（　）匹		済・未	済・未
	猫（　）匹		済・未	済・未
	他（　）匹		済・未	済・未

● 急な入院などで世話ができなくなった時、ペットのお世話をする人や預け先はありますか？

ある	預け先：氏名　電話	なし

● 施設入所等でペットを最後まで世話することができなくなった場合、引取り先はありますか？

ある	親族や愛護団体等に引き取ってもらうことが決まっている	預け先	氏名　電話
なし	ペット支援サポーターにペットの関する相談を希望します → はい・いいえ（ご署名）		

＊上記の個人情報については、高齢者とペットの相談および支援事業以外には一切使用いたしません。

高齢者とペットの相談窓口　特定非営利活動法人C.O.N

高齢者の介護に携わるケアマネージャーさんやヘルパーさんに渡しているチェックシート（右）とクリアファイル（左）。ペットの飼育で困っている高齢者がいればC.O.Nにつなげてもらっています。

ポートできる範囲は限られていますし、責任ある飼い主として愛猫のために貯金をする、人とのつながりを作るなどできることはやっておくべき。それでも本当にどうにもならないケースのためにこうした愛護団体のセーフティネットがあれば、悲しい事件が起こらずに済みます。C.O.Nの活動範囲は尼崎市周辺に限られていますが、シンポジウムを開くなど啓発活動も行っています。この活動の波が全国へ広まることを期待しています。

特定非営利活動法人C.O.N
https://cat-operation.net/

書き込み式「うちの猫ノート」

愛猫を託す相手に愛猫の情報を伝えましょう。コピーを取り、P.40〜43を参考に記入してください。

猫の名前	♂　♀		
名前の由来		呼び名	
猫種			
血統書	あり ／ なし　血統書の保管場所		
誕生日	年　月　日	出会った日	年　月　日
出会った場所			
家族になったきっかけ			
毛柄		しっぽ	

体重		体格	
首輪	あり ／ なし	首輪の特徴	
迷子札	あり ／ なし	迷子札の特徴	
マイクロチップ	あり ／ なし	番号	
去勢・避妊手術	未 ／ 済	手術日	
ワクチン	未 ／ 済	最終接種日 ワクチンの種類	
健康診断	頻度	直近の健診日	
ペット保険	あり ／ なし	保険名等	
かかりつけ動物病院	病院名 住所	電話番号	

猫エイズ	陰性 ／ 陽性	猫白血病	陰性 ／ 陽性
いままでにかかった病気やケガ			
具合が悪いときのサイン			
嘔吐はふだんあるか			
与えている薬①	薬品名	投薬量 回数	
与えている薬②	薬品名	投薬量 回数	
いつもの投薬方法			

与えているフード（主食）	商品名		食事の回数・時間・量
好きなおやつ	商品名		おやつの頻度やタイミング
トイレ	使用中のトイレ容器 嫌いなトイレ砂		使用中のトイレ砂 トイレの癖など
抱っこ	好き ／ 嫌い	なでられる	好き ／ 嫌い
なでられるのが好きな場所		なでられるのが嫌いな場所	
ふだんのお手入れ方法			
お手入れ時の注意点			

好きなおもちゃ・遊び	
猫がよくいる場所	
来客への態度	
苦手なモノ・コト	
移動・外出時の注意点	
欠かせない愛用品	

猫を褒めるときに使う言葉		猫が嫌いな言葉	

利用しているペットシッター

飼育について守ってほしいこと

多頭飼いの場合

仲のよい猫（名前・性別）

仲の悪い猫（名前・性別）

仲のよい猫と離れたらどうなるか

仲の悪い猫とどの程度のケンカをするか

猫の終末期や看取りについて

猫が重篤な病気になったとき、積極的な治療を希望するか	
重篤な病気になったとき、セカンドオピニオン（別の獣医師に意見を求めること）を望むか	
回復の見込みがないときに延命治療を望むか、痛みを取る緩和ケアがよいか	
猫の安楽死を希望する状況はあるか	

猫が亡くなったときの葬儀・火葬・埋葬・納骨の希望

猫が亡くなったときに、そのことを伝えてほしい人と連絡先

名前	連絡先
名前	連絡先
名前	連絡先
名前	連絡先

愛猫を託す人へのメッセージ

おわりに

この本の製作が始まって少し経ったころです。
知らない番号から電話がかかってきました。
いぶかしく思いながら出ると、
「Mさんの友人です。Mさんが先月亡くなりました」と伝えられました。

Mさんは6年前、私が保護した子猫を譲渡した女性です。
Mさんはそのとき50代。旦那様を亡くされて一人で暮らしていた方でした。
昔、コピーライターをされていたそうで、ご自宅はきちんと整えられ、
身なりもこざっぱりと綺麗。背筋がぴんと伸びた、きもちのいい方でした。
ただ、お一人暮らしだと何かあったときにやはり心配なので、
ご友人に保証人になっていただいたうえで子猫を譲渡しました。
定期的に近況報告も送っていただき、信頼している里親様のお一人でした。

そのMさんが亡くなった……。
もしかして、私が譲渡した猫を引き取ってくれという依頼だろうか？
緊張しながら話を聞くと、
猫は昔からの友人が世話をするから安心してくださいと告げられました。

Mさんは数年前に病気がわかってから、着々と終活を進めていたそうで、
自宅マンションをご友人に譲り、そこにご友人が移り住んで猫のお世話をするという
段取りを整えていたそうです。
残ったお金は猫の愛護団体に遺贈。
エンディングノートに猫の保護主である私のことが記されており、
死んだら私にも連絡してほしいとあったためご友人が電話をくれたそうです。

なんと見事な終わり方だろうか。
悲しみと同時に尊敬の念がわき上がりました。
私も、彼女のように終わりたい。
そのためには愛猫のためのセーフティネット作りをしなくては。
その具体的な策を本書には著しました。

自分が死んでも、愛は残る。むしろ永遠になる。
猫を愛してやまない人へ、この本がお役に立てたら幸いです。

編集・執筆　**富田園子**（とみた・そのこ）

ペットの書籍を多く手掛けるライター、編集者。日本動物科学研究所会員。編集・執筆した本に『決定版 猫と一緒に生き残る防災BOOK』（日東書院本社）、『野良猫の拾い方』（大泉書店）、『教養としての猫』『猫とくらそう』（ともに西東社）など。

イラスト　**はしもとみお**

三重県の古い倉庫にアトリエを構える木彫り彫刻家、絵本作家。全国各地の美術館で個展を開催。著書に『おもいでがいっぱいになったら』（KISSA BOOKS）、『はしもとみお 猫を彫る』（辰巳出版）など。
https://miohashimoto.com/

デザイン　mocha design
撮影（P.32、35、36）北原千恵美
校正　鷗来堂
企画　小林裕子
進行　本田真穂

監修　磨田 薫（とぎた・かおる）

ペットのための生前対策専門行政書士として「行政書士かおる法務事務所」を開業。里親募集型保護猫×古民家カフェCafe Gatto総支配人。一般社団法人ファミリーアニマル支援協会（FASA）代表理事。ペット信託や生前対策の普及を行っている。動物看護師、愛玩動物飼養管理士、トリマーの経験ももつ。
https://www.fukuoka-animal-gyouseisyoshi.com/

里親募集型保護猫×古民家カフェ

Cafe Gatto

福岡県古賀市にある猫カフェ。飼い主さんの事情でおうちがなくなった猫や、外で生きていて病気やケガで保護された猫たちがいる。猫たちは里親募集中。完全予約制。
https://nekocafe-gatto.com/

いちばん役立つペットシリーズ
私が死んだあとも愛する猫を守る本

2025年2月5日　初版第1刷発行

著者　富田園子
発行人　廣瀬和二
発行所　株式会社 日東書院本社
〒113-0033　東京都文京区本郷1-33-13　春日町ビル5F
TEL03-5931-5930（代表）FAX03-6386-3087（販売部）
URL https://www.tg-net.co.jp/
印刷　三共グラフィック株式会社
製本　株式会社セイコーバインダリー

読者の皆様へ
本書の内容に関するお問い合わせは、お手紙かメール（info@TG-NET.co.jp）にて承ります。恐縮ですが、お電話での問い合わせはご遠慮くださいますようお願いいたします。
本書の無断複写複製（コピー）は、著作権法上での例外を除き、著作者・出版社の権利侵害となります。
乱丁・落丁はお取替えいたします。小社販売部までご連絡ください。

©Nitto Shoin Honsha CO.,Ltd.2025 Printed in Japan
ISBN978-4-528-02463-2 C2077